U0344575

野生黏土

——从自然界采集陶瓷原料

野生黏土
——从自然界采集陶瓷原料

［美］马特·利维（**Matt Levy**）

［日］柴田拓郎（**Takuro Shibata**）

［日］柴田仁美（**Hitomi Shibata**）（著）

尧　波（译）

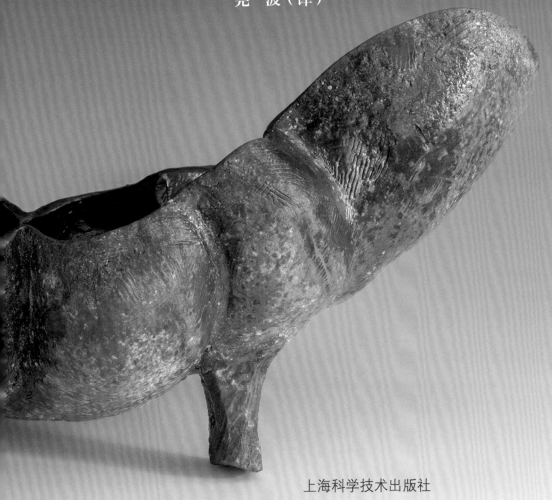

上海科学技术出版社

图书在版编目（CIP）数据

野生黏土 ：从自然界采集陶瓷原料 /（美）马特·
利维，（日）柴田拓郎，（日）柴田仁美著 ；尧波译.
上海 ：上海科学技术出版社，2025. 1. --（灵感工匠系
列）. -- ISBN 978-7-5478-6821-8

Ⅰ. TQ174.4

中国国家版本馆CIP数据核字第2024SM6010号

This translation of *Wild Clay* is published by Shanghai Scientific & Technical Publishers by arrangement with Bloomsbury

Publishing Plc through Inbooker Cultural Development (Beijing) Co., Ltd.

上海市版权局著作权合同登记号 图字：09-2023-1162 号

野生黏土——从自然界采集陶瓷原料

［美］马特·利维（Matt Levy）

［日］柴田拓郎（Takuro Shibata）

［日］柴田仁美（Hitomi Shibata）（著）

尧 波（译）

上海世纪出版（集团）有限公司
出版、发行
上海 科 学 技 术 出 版 社

（上海市闵行区号景路 159 弄 A 座 9F–10F）

邮政编码 201101 www.sstp.cn

上海光扬印务有限公司印刷

开本 889×1194 1/16 印张 11

字数 270 千字

2025 年 1 月第 1 版 2025 年 1 月第 1 次印刷

ISBN 978-7-5478-6821-8/J·84

定价：150.00 元

封面：八块野生粘土 © 柴田拓郎

书脊：用高岭土压模成型的瓶子 © 马特·利维

封底：（上图）卡罗来纳州黏土矿；（中图）手工制作的
三棱罐，柴烧和盐烧；（下图）在电窑中烧制试片 © 柴
田拓郎

译者序

2018年8月，本人赴美国北亚利桑那大学访学一年，交流柴烧技艺。访学所在地位于美国西南山城弗拉格斯塔夫（Flagstaff），正是马特·利维成长的地方。访学期间，我从美国西南部去东南部的北卡罗来纳州西格罗夫（Seagrave）拜访，惊讶于世间竟有心目中的陶艺乌托邦；去年我受邀翻译此书，又一次感到世间因缘际会，令人唏嘘！

西格罗夫处处充满着"民艺"气息。69号就是柴田夫妇的Studio Touya，他们是这个共同体里唯一的东方之家。"民艺"无国界，中式审美更是充盈，也许正是由于它无处不在，反被轻视。其实，更直接的原因是虽然现代美学不乏审美反思，但是少有对工艺文化的反思。20世纪20年代的日本美学家柳宗悦（Soetsu Yanagi）可算是难得的工艺反思者。但他以美学的态度审鉴工艺之道，总显得言不尽意，意犹未尽。如果我们换一个角度，换一种思维，情形会大不相同。当代艺术评论家鲍里斯·格罗伊斯（Boris Groys）在《走向公众》（*Going Public*）一书的引言中提出："当代艺术不应以美学视角，而应以诗学视角观之；不应从艺术消费者视角，而应从艺术生产者的视角审度。"他独到的见解使我豁然开

朗。实际上，美学向诗学的逆转从19世纪下半叶已初见端倪，威廉·莫里斯（William Morris）在工艺美术运动中体现出的社会意识；19世纪80年代，保罗·高更（Paul Gauguin）通过陶艺挣脱绘画的限制；1917年，马塞尔·杜尚（Marcel Duchamp）的现成品《泉》问世；20世纪20年代，日本美学家柳宗悦发表"民艺论"，随后英国艺术家伯纳德·里奇（Bernard Linch）将民艺从日本带回英国的努力；20世纪70年代，美国女性主义艺术计划《晚宴》发起等。他们的艺术实践促使美学自身转向了诗学。当我们从诗学、材料工艺和制作者的立场理解艺术时，艺术在实践什么呢？

让我们来看看这本《野生黏土》，它逆转了"就地取材"的制陶者在日常生活中的艺术实践。书中记录了38位陶艺家的故事，他们都致力于恢复"去自动化的能力"。这一转变形成了一种动力，这种能动性促使制陶者从勘探当地黏土的角度探索制陶术。采集和使用当地材料直接反映了制陶者与周围环境的密切关系，他们深信脚下的土地使人类所需要的一切都可以用我们的双手创造出来，努力创建一个"不浪费，不匮乏"的可持续生存空间。他们拒绝商业黏土在追求标准化的同时丧失了

各地黏土的独特性。这种对本土性的强调，激活了本地化系统的开放潜能，成为一代人之间和几代人之间的力量循环。本土性构成的差异性激励着制陶者探寻梦想中的天然材料，毕竟，使用野生黏土是通往柴烧领域的必经之路，正是不同黏土的野性造就了每件陶器的独特性。身处人类纪里的制陶者，怎能不重新转向野生黏土呢？

本人英语水平有限，只是出于对本书内容的欣赏，愿意花时间"啃"。幸好遇着一帮好学的朋友，我们一起"啃食"知识的岁月也甚是令人回味！山上的邻居陈旭、游学至此的廖霜爽、做陶修行的宁杰，还有远在美国的康教授和日本留学的沉晨，可以如此跨时空的共学，不得不感谢互联网的普及。出人意料的是，三个月后，上海科学技术出版社的编辑发来解疑文档，细致入微的阅读修改，令人感动。之后还要经历复杂的出版环节，本书才能正式出版。一本书的问世多么的不易！愿我们的心血能滋养更多的读者！

尧　波

2024 年秋于重庆歌乐山

致　谢

致朗伍德大学（Longwood University）教授兰迪·埃德蒙森（Randy Edmonson）和犹他州立大学陶艺教授约翰·尼利（John Neely），感谢他们的帮助和建议。感谢爱德·赫尼克博士（Ed Heneke，PhD）、布鲁斯·戈尔森（Bruce Gholson），以及南希·戈托维博士（Nancy Gottovi，PhD）的校对工作。感谢马克·责勒斯（Mark Zellers）和凯特·奥格尔（Kate Oggel）的友谊和支持。感谢儿子柴田肯（Ken Shibata）和柴田友（Tomo Shibata）给我们带来的快乐。感激所有人。

——柴田拓郎（Takuro Shibata）和柴田仁美（Hitomi Shibata）

献给我的妻子和合作伙伴纳塔莉娅（Natalia）。献给如父母般的陶艺导师兰迪·约翰斯顿（Randy Johnston）和扬·麦基奇·约翰斯顿（Jan Mckenchie Johnston）。献给蒙大拿州立大学国际野生黏土研究项目的创始人乔什·德维斯（Josh DeWeese）和迪恩·亚当斯（Dean Adams）。献给托尼·哈特肖恩（Tony Hartshorn）和玛格丽特·布泽（Margaret Boozer），他们向我展示了超越陶艺领域之外的黏土世界。

——马特·利维（Matt Levy）

野生黏土

"我教授世界上最迷人的爱好。"这是来自邓肯陶瓷产品公司（Duncan Ceramic Products）的一句标语，也是柴烧艺术家、爱荷华大学的退休教授查克·欣德斯（Chuck Hindes）特别喜欢引用的一句话。陶瓷艺术可以作为爱好或职业方向，跨时代地存在于全球各地。人们通常认为这种跨时代性是因为陶瓷物品很耐用，但是马克·J. 温特（Mart J. Winter）教授对元素周期表的研究呈现了另一种思考。温特教授的图解是为了向大学生讲解元素之间的关系。其中一张"地壳中元素丰度的扩散示意图"显示：铝、硅和氧是最大单元，铁、钙、镁和钠是第二大单元，接着是钾、钛和一个非常小的氢元素。后来，这张示意图被命名为"以重量表示地壳中元素分布的扩散图谱"。地球的地壳主要由这些元素组成，这便是无论何时何地都能促使陶瓷发展的根本原因。

当我们使用"野生黏土"一词时，指的是非商业售卖的黏土。毕竟，所有黏土都来源于地球，而标准化的商业黏土经历了许多人为的加工处理，在具有一致性的同时，也丧失了不同黏土的差异性。

各地黏土都具有其独一无二的特质，这使得各地艺术家可以在他们的作品中保持本土的独特性。艺术家自己采集野生黏土不仅可以提升制陶的愉悦感，还可以通过使用工作室附近的自然材料实现生态审美的可持续性。

在浩瀚的世界陶瓷史中，我们发现材料中独特细微的性质可以反映出该地区的地质情况。在现代社会之前，重型材料的运输十分困难，因此工匠们因地制宜，寻找处理手头材料的方法。世界各地的处理方式各有不同。如今，借助便利的现代交通设施，我们能够使用来自世界各地的黏土，这确实是一个奇迹。然而，这种方便逐渐削弱了我们对陶瓷艺术重要维度的集体敏感性，也减少了我们对本土陶瓷材料的勘探、采集和加工等工作。黏土是地球上最普遍的材料，总被人类文明喻为生命起源的模式。那么，世界各地的陶瓷艺术承载着人类的努力和文化就不足为奇了。

迪恩·亚当斯（Dean Adams）和乔什·德维斯（Josh Deweese）

为什么选择野生黏土？

马特：探寻当地黏土和采掘原材料并非是什么新鲜事。共享的信息，包括如何处理原始资源的知识，在挖掘和使用当地黏土中发挥了巨大的作用。有时，当地黏土甚至可以取代商业材料。相对于美国主流陶艺界，这种追本溯源的趋势最近才初露端倪，之前更像是一件小众偏好。

陶瓷史与人类文明史交织在一起，因此野生黏土几乎扎根于每一种文化中。工业化大生产需要材料具备同源性和单纯性，便于混合长石、二氧化硅和熟料等预先加工的成分，致使陶工避免处理原材料的劳动和风险。突然之间，制作黏土就好像用预制餐的餐包做饭一样——只需按照给定的食谱操作，所需的一切都来自一个袋子。尽管使用商业加工的黏土可以节省时间，但却失去了原材料中存在的许多独特品质。此外，自己采集和加工黏土还能提高学习和认识水平，这使野生黏土成为一种很好的治学途径。那些想要摆脱袋装黏土的学生，会沉浸在处理发现材料的世界之中，培养出对泥性的敏锐感受，逐渐学会怎样制作一个坚实的可塑性黏土坯体。

仁美：在这个超级便利的互联网时代，无论我们生活工作在何处，几乎可以从网上订购任何东西。黏土公司有独家秘密的黏土产品配方，而黏土被装在纸箱或塑料袋中。我们应该如何弄清楚它们的成分及来源呢？哪些元素能使所选黏土达到所需效果呢？使用当地野生黏土制作陶器就好像是在花园里为我们的餐桌种植有机蔬

自然环境
照片提供：柴田拓郎

9

自然环境中的黏土
照片提供：柴田拓郎

菜一样，需要经历很长的时间，要通过多次的检查和测试。我们不会立即得到结果，可能会有许多次试错。如果我们想在陶瓷行业中赚更多的钱，那我们为什么要使用不方便的野生黏土呢？这可能会浪费时间、精力，因此这并非是企业的理想选择。在我看来，这与我们每天选择吃什么，以及如何追求幸福的生活是一样的。作为一位制陶者，我只想用我了解来源的材料制作出美丽的作品。这些黏土是我作品中的重要组成部分。我喜欢的陶器都充满了关于制作者、材料工艺和制作过程的有趣故事。这就是工业机械化批量生产的陶瓷产品与野生黏土手工制作的陶器之间的巨大差别。

拓郎：在这本书中，我想分享我个人与黏土打交道的经历，我为什么对野生黏土感兴趣和我如何发现、测试和使用它们来制作陶器和雕塑作品的过程。我选择使用野生黏土并不是为了寻找完美的黏土，而是为了了解它们的独特性，并用它们制作一个能展示这些特性的黏土坯体。从商业角度来看，野生黏土并不完美：它们可能含有杂质，但却可以烧制出意想不到的美丽效果。当代制陶者经常将古代陶器作为自己创作的参考。如今，我们通过技术获得了大量信息，并使用动力设备使繁重的劳作变得更加容易。这是否意味着我们制作的陶器比古代陶器更好呢？有时候，人们可能会觉得古代陶器看起来更加特别，也许是因为古代陶工在制作和烧制过程中，只对材料进行了少量加工，将由此产生的不规则性视为自然的一部分。所有的黏土都来自地表，它们是岩石逐渐分解形成的含有氧化铝、二氧化硅、水、铁、钙、有机物等杂质的微小颗粒的结果。可以直接使用天然黏土，也可以对天然黏土进行商业开采和加工，从而产生同质的、一致的且可预测的结果。我更喜欢关注天然黏土，因为它们存在于地下，很少甚至没有经过加工。虽然纯天然的黏土很少能完美地适用于制作陶器，但它可以与其他黏土结合被制作成适用于陶器生产的良好黏土坯体。在挖掘、筛选、搅拌、测试黏土的过程中，你可以观察到其独特的性质和特征。不能用于成型的黏土在作为化妆土或釉料成分时可能是完美的，可以灵活运用它们。一些读者可能对黏土有不同的看法，所以我的想法和故事可能不适用于所有人。我希望这本书在某种程度上可以鼓励大家尝试，促使大家用双手深触到野生黏土中。

目 录

第一章

个人的野生黏土之旅

野生黏土几乎根植于全球每一种文化之中，我们不可能概述黏土原料的采掘及加工的整个历史。由于每种黏土沉积物的化学性质都是十分独特的，我们只能谈论在个人经历范畴内遇到的材料——从我在明尼苏达州和蒙大拿州时期，寻找当地受过冰川和地热力量改变的高岭土，到仁美和拓郎在日本时发现的野生黏土，再到他们在美国南部页岩地带的北卡罗来纳州时发现的野生黏土。通过这些探索，我们形成了对当地地质和相应黏土独特的理解，运用手头现有材料制作黏土坯体的过程也引导着我们的艺术实践。尽管我们的个人旅程的其他经验在本书中也有所体现，但我们希望与大家分享的重点是在特定地貌中获得的直接经验。无论是在自己的后院探寻黏土还是在周围地区寻找特定的材料，我们都希望本书的见解能够帮助你充分利用手头的材料去配制黏土坯体、制作化妆土、釉料和各种彩绘颜料，最终能为寻找当地材料提供更多的可能性。

作为本书作者，我们希望读者们尊重周围的居住环境和自然环境。通过了解过去的人们是如何利用周围的土地来建构与他人及附近资源的关系是至关重要的，这可以帮助你发现居住地附近的可用资源进行艺术创作。在本章，我们将分享在几个特定地区的经验，以及在那里发现的黏土是如何影响着我们现在寻找当地材料的方式。这些黏土与地方文化有着丰富的历史渊源，从多个方面显示出了特定地区可加工黏土的普遍性和可获得性，以及这一切是如何对社区建设和世代相传的手工艺和艺术创作的出现产生巨大影响的。这些例子绝不是个案，在世界各地都有着与当地黏土接触从而连接到周围环境的文化性的、地域性的奇妙例子。我们希望通过我们的例子能激发读者的灵感，推动大家从采集当地黏土原料的角度探索陶瓷。

上页图：
八块不同的野生黏土
照片提供：柴田拓郎

马特·利维在蒙大拿州卡德威尔附近勘探高岭土矿床
照片提供：马特·利维

马特·利维

从明尼苏达州到北卡罗来纳州

多年来，我与黏土的关系不断发展。这种关系根据我的需求、时间限制和兴趣而改变。曾经的我是一个被驱动的陶器生产者，徘徊在拉坯转轮前辛勤工作；现在的我更热爱手工制作，一次就能完成作品。我制作陶瓷的灵感来自每天在公司或者家里进行改造项目时看到的纹理。我从包装物品中看见图案，从建筑材料中看见丰富的纹理。我努力从工作中汲取一切灵感，经常在一天工作结束后，带着一些织带或纹理纸屑走进家门。然后，我对这些图案进行变形，使之成为我自己的图案。我的动手能力让我能够制作出一个功能齐全的工作室所需的所有工具，包括制陶和制釉所需的设备甚至窑炉。

　　近年来，艺术的可持续性已经成为我的首要关注点。我使用的大多数釉料都直接来自我的后院。我不再专注于从国内和世界不同地区开采的原料，而是力求受到周围环境的启发从而不受限制地进行创作。我从本地制陶者那里回收黏土，再加入从明尼苏达河谷地区采集的高岭土，配制出适用于柴烧和盐烧的光滑坯体。

手工制作的篮子。采用明尼苏达州当地高岭土闪光粉浆制成，其中含有 2015 年威斯康星州为期四天的穴式窑（anagama）烧制过程中产生的美丽草木灰
照片提供：内尔·伊茨玛（Nell Ytsma）

蒙大拿州比尤特（Butte）银弓溪（Silver Bow Creek）周围的矿渣墙。这些人造墙是铜矿开采业的遗迹。为了获得铜和银等贵金属，当地的基岩被挖掘、粉碎，然后用石灰进行高温加热以熔化岩石。一旦铜和银从熔岩中被筛出，剩余的废料就被倒回原地形成环绕溪流的矿渣墙。富含二氧化硅、钙、铁和锰的炉渣"岩石"是釉料的理想材料，如第 14 页所示的瓶子釉面即用此种材料制作而成
照片提供：马特·利维

我在亚利桑那州弗拉格斯塔夫（Flagstaff）长大，对地质学及岩石中各种颜色、纹理和形状有着深厚的感情。我的生活背景加上对陶瓷的热情，促使我一直尝试使用碎石、当地高岭土、陶土和草木灰等自然材料进行创作。我一直在研制与我钟爱的肌理和烧制气氛相辅相成的釉料及化妆土。正如日本陶艺家滨田庄司在谈及他的釉料时所说到的："我的配方可能很简单，但我的材料却非常复杂。"明尼苏达州拥有丰富的黏土和长石矿藏，这些都是制作釉料所必需的。

虽然我是从中西部的密西西比河和明尼苏达河流域寻找黏土开始探索本地材料的，但在蒙大拿州的生活让

用蒙大拿州海伦娜附近挖掘的高岭土压模成型的瓶子。釉面采用来自比尤特银弓溪的碎矿渣，在火车窑（train kiln）烧制四天。还原冷却效应析出了矿渣中的铁和锰
照片提供：马特·利维

我对黏土和岩石之间的关系有了更深的理解。在蒙大拿州立大学攻读硕士学位期间，我与土壤生态学和地质学等领域的导师和研究生一起，寻找通过我们脚下的材料来描述当地地貌的方法。材料里不仅有岩石和黏土，甚至还有来自比尤特铜矿的人造材料炉渣和黄石国家公园富含重金属的土壤。作为釉料，这些材料具有很强的生命力，证明了蒙大拿州过去在环境和满足采矿业需求方面所付出的代价。我对陶瓷的理解变得更多的是关于材料的叙述，而不是杯子和碗的制作。当我们开始与材料对话，材料的来源、加工成本及它们所具有的有益或有害的固有品质，这些因素都发挥着重要作用。

在蒙大拿州博兹曼（Bozeman）的蒙大拿州立大学研究当地陶瓷材料的时光，成为了我了解地貌如何决定特定地区可用黏土的关键一步。蒙大拿州地质历史悠久，受到地热、水和冻融侵蚀的影响，各种黏土大量沉积，遍布全州。这些黏土既有富含铁和锰的陶土，也有可产生高岭土的火山岩和花岗岩矿床。蒙大拿州的地质包括古生代、中生代和新生代沉积岩的大序列，其上覆盖着形成于太古代和新生代的基底岩石。蒙大拿州有些地区的沉积岩层厚达约3 048米，而在蒙大拿州其他地区，尤其是米苏拉（Missoula）的西部，这些岩层已经被风化殆尽。蒙大拿州全境有丰富的沉积岩、火成岩和变质岩，再加上侵蚀程度较高，因此蒙大拿州是一个绝佳的材料来源地。这里的材料可以用于制作黏土坯体，甚至有可以制作釉料的岩石。

研究生毕业后，我有幸前往澳大利亚的塔斯马尼亚（Tasmania），并参加由里杰琳陶瓷厂（Ridgeline Pottery）的本（Ben）和佩塔·理查森（Peta Richardson）主持的驻场实习。我亲眼见证了本对采集塔斯马尼亚当地材料的重视，这不仅是出于个人喜好，也是出于必要。在美国，我们可以获得许多商业材料，这在其他地方并不常见。看到像本和蒂姆·霍姆斯（Tim Holmes）这样的

马特·利维的艺术硕士论文展作品。来自蒙大拿州比尤特及周边地区的碎花岗岩、矿渣和闪长岩制成的熔岩砖。
烧制温度约1204℃时材料可以熔在一起形成固体砖块
照片提供：马特·利维

当地艺术家找到与他们周围环境直接相关的资源，并了解了这些关系如何影响他们的艺术实践，确实给了我很大的启发。我离开塔斯马尼亚前往新南威尔士州，在那里我们与史蒂夫·哈里森博士（Dr.Steve Harrison）住在一起。史蒂夫对就地取材产生了巨大影响，并撰写了大量文章，介绍如何利用他位于新南威尔士州巴尔莫尔（Balmoor）的家附近的原料加工黏土和釉料。与史蒂夫

一街之隔的是另一位陶艺大师桑迪·洛克伍德博士（Dr. Sandy Lockwood）。多年来，她一直使用当地材料创作充满活力的作品，这些作品与她柴烧的大气特质相得益彰。最近，这两位艺术家都在与野火（wildfires）搏斗，他们在激发个人灵感和滋养个体实践发展的土地上，在日常艺术实践中应对着气候变化。气候变化这个全球性问题一直对我们的生活产生着深远的影响。

马特·利维于2017年在蒙大拿州立大学研究生工作室定制了一座柴窑。他用这座柴窑来测试黏土和釉料，然后将大量作品投入更大的窑炉中。烧制时间为16～18小时，烧制温度在1288℃以上
照片提供：马特·利维

在模具压坯盘上施以西格罗夫当地化妆土，并在斯塔陶瓷工坊（STARworks Ceramics）的日式登窑（Japanese climbing）中烧制
照片提供：马特·利维

回到美国后，我很幸运地在北卡罗来纳州斯塔陶瓷工坊找到工作。在那里，我与拓郎一起经营两个项目：一个是专注于采集和生产当地材料的商用黏土；另一个则是艺术家可以前来探索的驻留空间。在获得了撰写《野生黏土》这本书的合同后，我与拓郎和他的妻子仁美共同撰写这本书似乎就顺理成章，这样我们就可以更好地把采集当地材料方面的经验结合起来。

柴田仁美肖像
照片提供：霍华德艺术馆

柴田仁美

从日本到美国——我的黏土之旅

亚洲是世界上陶器制作历史最悠久的地区之一，而我的出生地日本发挥着重要作用。日本早在绳文时代（约公元前 10 500 年—公元前 300 年）就拥有古老的日用陶器。陶工们挖掘黏土，手工成形并用坑烧的方式制作成实用器和礼器。

著名的"日本六大古窑"是由陶艺家也是日本古陶瓷学者小山富士夫（1900—1975）命名和定义的。尽管在日本各地都有制陶活动，但小山先生将这六个窑址定义为重要的陶瓷产区。这六大古窑分别是濑户烧、越前烧、常滑烧、信乐烧、丹波烧和备前烧。这些古窑址的共同特点是它们都建在黏土矿和黏土坑附近。长久以来，陶工们世代代就地取材制作陶器，不断地实验，直到找到能制作出具有当地风格的精美陶器的最佳方法，使之得以生存和发展，并一直延续至今。这段历史一直是日本各大院校的艺术课程、陶瓷中心和陶艺学校的重要专业课内容。

1990 至 1996 年，我在冈山大学攻读陶瓷艺术本科和研究生。六大古窑之一的备前烧距离我的大学非常近。作为大学学习的一部分，我参观了备前陶器工作室，并参加了他们的柴烧活动。

1996 年从冈山大学毕业后，我决定参加信乐陶瓷文化公园的艺术家驻留项目。能够生活在另一个古窑址、探索信乐烧的特点，并体验当地的材料和传统技法，我感到非常兴奋。

1996 至 2001 年，我在信乐生活和工作。当地陶瓷制品多为瓷砖、花盆、大型陶器和批量生产的餐具。镇上有几家陶土公司和一个陶瓷合作社，当地陶工可以购买到由当地材料制成的各种陶土，以及其他陶瓷产区的产品。此外，还有许多小型工作室。陶艺家在那里手工

柴田仁美《野生黏土盘》，2017 年
当地炻器野生黏土，铁绘，采用日本穴式窑烧制，奥顿温锥 11 号。作品尺寸：直径 33 cm，高 4 cm
照片提供：柴田拓郎

柴田仁美《片口茶杯》，2020 年
当地炻器土，铁绘，柴烧，奥顿温锥 11 号。作品尺寸：直径 7 cm，高 12 cm
照片提供：柴田拓郎

柴田仁美《日式茶壶》，2019 年
当地炻器土，铁绘。盐 / 柴烧，奥顿温锥 11 号。作品尺寸：8 cm
×9 cm×10 cm
照片提供：柴田拓郎

6 种不同的北卡罗来纳野生黏土
照片提供：柴田仁美

柴田仁美《野生黏土盘》
烧制前，直径 33 cm
照片提供：柴田仁美

柴田仁美《野生黏土盘》
柴窑烧制后，直径 33 cm
照片提供：柴田仁美

制作餐具、茶具、花瓶等日常使用的陶器。有些很当代，有些很传统。他们的目的是手工制作高质量的陶器，展示该地区的本土风格和传统，尽管这不是信乐陶瓷业的主要部分。这些陶艺家追求艺术性，非常关注材料、生产、烧制方法和经营策略。他们担心信乐当地陶土的长期供应问题，因为有些黏土越来越难以找到，有些已经找不到了。

1998 至 1999 年和 2004 至 2005 年，我有幸两次作为研究助理，在由信乐县政府资助的信乐陶瓷研究所工作。我的工作是为科学家进行黏土试验。主管给我黏土配方，我每天制作大量的黏土试棒。有些黏土像精致的瓷器，有些超轻的黏土可以漂浮在水上。有烧过的瓷器制成的回收黏土，还有含有细菌和膨润土的信乐细晶岩。我的手有时会变得又干又痒，但我很快就了解了陶瓷材料、陶土实验设备，以及如何测试黏土和分析结果。

我并非出生于陶瓷世家，也不是在陶瓷之乡长大，但我在大学接受了良好的教育，在陶瓷之乡开始了职业生涯，成为一位年轻制陶者。我还非常幸运地去过世界各地的许多陶艺社区、陶瓷艺术中心和陶艺家工作室。

这使我了解到陶艺家是如何运用当地资源制作陶瓷作品，以及陶艺社区是如何在历史长河中创立并维持商业运作的。世界各国有许多独特的黏土，它们都有着有趣的故事，我对将来能在许多地方发现并尝试了解不同的材料充满了好奇。

仁美和柴田拓郎位于北卡罗来纳州西格罗夫（Seagrove）的柴窑
照片提供：柴田拓郎

部分加工后的东谷黄野生黏土
照片提供：柴田仁美

上页图：
柴田仁美《杯子》，2021 年
当地炻器黏土，铁绘，灰釉，柴烧，奥顿温锥 11 号。作品尺寸：直径 8 cm，高 18 cm
照片提供：柴田拓郎

体验北卡罗来纳州的野生黏土

2005 年，我与丈夫柴田拓郎移居美国，定居在北卡罗来纳州的西格罗夫，我们在北卡罗来纳州斯塔市的斯塔陶瓷工坊建立了陶瓷材料研究中心，开始加工当地的野生黏土供当地陶艺家使用。

几个世纪以来，这个地区一直以陶瓷生产而闻名。对于新移民而言，在农村地区开展业务并非易事。关键是要结识当地慷慨的陶工和黏土专家，并请他们分享自己的知识和资源。过去，当地人都熟知野生黏土的使用方式，现在还有人在继续使用当地黏土制作陶器。逐渐地，我们能够绘制出该地区黏土矿床的位置图。

每当收到一袋未知黏土时，我都感到非常兴奋，想知道这种材料是否可以使用及如何使用。有时它缺乏可塑性，难以拉坯或者捏塑，但它可能适用于制作泥浆、赤陶化妆土或者是釉料。许多野生黏土都可以用于陶瓷材料，可能性是无限的。我在信乐陶瓷研究所的经验帮助我测试并找到使用材料的方法，我喜欢进行测试并检查结果。

我们的庄园里有一种美丽的黄色黏土，我们用它来给器皿增添颜色和质感。虽然它的可塑性不够好，但可以将其与可塑性好的黏土混合在一起使用。我们不知道这块土地有多少这种黄色黏土，但我们对来自大地的恩惠仍心怀感激。在日本有句谚语："珍惜每一次相遇，因为它不会重来。"这就是日本人对待野生黏土的态度。我们需要感激大自然，并明智而有效地运用它的馈赠。在我们面对制陶生活的挑战时，质量远胜于数量。

东谷庄园（Touya）地面上还未经过加工的黄色野生黏土
照片提供：柴田仁美

柴田拓郎用当地炻器黏土制作雕塑罐
照片提供：柴田拓郎

柴田拓郎

从日本信乐到美国北卡罗来纳州斯塔市——我的黏土之旅

1996 年，我获得了日本京都同志社大学应用化学工程学士学位。随后，带着对陶瓷的浓厚兴趣，我在 1997 年成为谷宽窑陶瓷工坊的学徒，该工坊是信乐最古老的陶瓷作坊之一。作为学徒的第一件事是学习使用信乐当地材料制备黏土。我从早到晚为陶艺大师谷井芳山（Tanikan Gama）（他也是我在谷宽窑的导师）揉练泥料，打扫工作室。我的学徒生涯还让我有机会与这座历史悠久的陶镇里的许多其他陶艺家和企业家进行交流。让我感到非常幸运的是，多年来，我每天都能通过工作向当地的陶瓷工程师和材料专家学习。

2001 年，我妻子柴田仁美获得了马萨诸塞大学达特茅斯分校（Massachusetts Dartmouth）的扶轮基金会奖学金（Rotary Foundation Scholarship），我们第一次来到了美国。我开始在艺术中心和陶艺工作室学习新英格兰地区的泥坯制作方法。他们用更加科学和工程学的方法处理泥料，与我在日本学到的方法截然不同。工业中常用的商业开采的黏土干粉也常被使用。这些商业黏土是由工业干料制成的。将干料倒入黏土搅拌机中，加水制作成湿润的黏土坯体。这种方法非常高效、快速且可控。我调查了这些黏土干粉的来源，我非常好奇附近是否有当地黏土，但我作为来自日本的独立制陶者，在马萨诸塞州并没有找到。

2002 年，弗吉尼亚州法姆维尔（Farmville）的长木大学（Longwood University）艺术系教授兰迪·埃德蒙森（Randy Edmonson）邀请我们去他的学校参加研讨会。

有一次，兰迪带我们去了一个新的陶艺中心，位于弗吉尼亚州阿波马托克斯市（Appomattox）的小熊溪基金会（Cub Creek Foundation）。

柴田拓郎《茶碗》，2004 年
信乐炻器黏土，柴烧，奥顿温锥 11 号。作品尺寸：8.5 cm×9.5 cm×8 cm
照片提供：柴田拓郎

柴田拓郎《茶壶》，2003 年
混合了小熊溪黏土与杰西曼的炻器土，白色化妆土，草木灰釉面，柴烧，奥顿温锥 11 号。作品尺寸：10 cm × 5 cm × 17.5 cm
照片提供：柴田拓郎

在我们参观期间，小熊溪基金会的创始人和执行董事约翰·杰西曼（John Jessiman）带我们访问了全新的驻地工作室大楼。我们注意到工作室后面有一片美丽的红色黏土，那是建筑施工期间挖掘出来的。仁美和我对这种美丽的红色野生黏土感到非常兴奋。我们脱掉鞋子，跳进黏土水坑，用水桶收集黏土样本。我们把这些黏土

样品带回马萨诸塞州，开始进行测试。

2002 年 11 月至 12 月，我在新泽西州的彼得斯谷工艺学校（Peters Valley School of Craft）有一个冬季驻地项目。陶瓷系主任布鲁斯·德纳特（Bruce Dehnert）帮助我们烧制彼得斯谷的登窑（noborigama kiln），我们把许多用小熊溪红色野生黏土制作的试制品放进了窑里。我们从烧制中得到了有趣的测试结果。温度超过了 12 号测温锥（约 1 304 ℃），结果是小熊溪的红色野生黏土不但经受住了高温，甚至还没有烧结。我们对在美国第一次尝试烧制野生黏土感到非常兴奋。

2003 年，仁美完成了她在达特茅斯大学的学业后，我们成了小熊溪基金会的驻地艺术家。一到那里，我们就开始挖掘更多的红色野生黏土，制作了许多陶器，并用小熊溪的柴窑烧制它们。我们喜欢处理未加工的野生黏土，并用它们制作陶艺作品。

在小熊溪驻留期间，我们有机会拜访了北卡罗来纳州西格罗夫（Seagrove）的朋友，陶艺家大卫·斯图姆普尔（David Stuempfle）和人类学家南希·戈托维博士（Nancy Gottovi，Ph.D）。南希带我们参观了该地区，并向我们介绍了当地的陶艺家。我们非常激动地发现有的陶艺家也使用当地的黏土。后来，我们结束了小熊溪的项目，离开了美国，去欧洲旅行，最后返回日本。

我们热爱旅行，北卡罗来纳的西格罗夫深深吸引了我们，那里的陶艺家使用当地的黏土来制作陶器。在我们回到日本信乐后不久，斯塔陶瓷工坊的创始人南希，

柴田拓郎《大浅盘》, 2014 年
100% 北卡罗来纳州野生黏土, 柴烧, 奥顿温锥 10 号。作品尺寸:
33cm×30.5cm×4cm
照片提供: 柴田拓郎

柴田拓郎《大浅盘》, 2014 年
100% 北卡罗来纳州野生黏土, 泥板成形, 柴烧, 奥顿温锥 10 号。
作品尺寸: 34cm×30.5cm×4cm
照片提供: 柴田拓郎

柴田拓郎《大浅盘》, 2014 年
泥板成形, 100% 北卡罗来纳州野生黏土, 柴烧, 奥顿温锥 10 号。作品尺寸: 38 cm×32 cm×4.5 cm
照片提供: 柴田拓郎

与史蒂夫·布兰肯贝克一起在北卡罗来纳州的沙矿寻找野生黏土
照片提供：柴田拓郎

提供了西格罗夫以南的一块地方，让我建立斯塔陶瓷工坊，研究当地黏土。

2005 年，我们做出了一个改变人生的决定——永久关闭了我们在信乐的工作室，卖掉了所有设备，带着三只行李箱和一只猫，搬到了西格罗夫。我开始担任斯塔陶瓷工坊的主管，而仁美则在西格罗夫的北卡罗来纳陶艺中心开始了为期两年的驻留艺术家计划。

当我开始在北卡罗来纳州寻找野生黏土时，一位当地的陶艺家朋友向我介绍了一位陶瓷工程师史蒂夫·布兰肯贝克（Steve Blankenbeker）。史蒂夫在北卡罗来纳州索尔兹伯里（Salisbury）的一家砖厂工作，我很幸运能遇到他，学到了很多关于野生黏土的知识。

通过野生黏土，我认识了当地人，结交了朋友，分享了信息，这绝对是一次无比珍贵的经历。

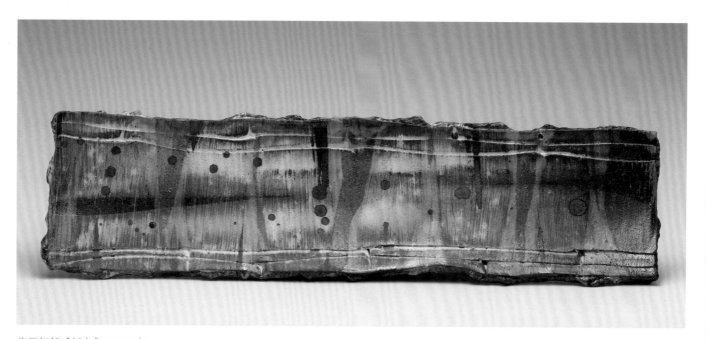

柴田拓郎《托盘》，2018 年
北卡罗来纳州当地黏土，泥板成形，铁绘，粉引，透明釉、志野釉，盐/柴烧，奥顿温锥 11 号。作品尺寸：42 cm×11 cm×2.5 cm
照片提供：柴田拓郎

我倾向于使用当地的野生黏土，尽量少加工，我想保留它的独特性。如果它的可塑性无法用辘轳拉坯的话，我会用手工捏塑、泥板成型甚至泥浆成型等方法。当野生黏土在特定温度下不能烧结时，我会以更高的温度进行烧制。这些操作最好跟随野生黏土的泥性而为，而不是按照个人意愿。

我们在许多人的帮助下建造了柴窑，我们的作品都在柴窑中烧制。柴窑的烧制通常会产生不均匀的温度和气氛（还原和氧化），但它会带来意想不到的效果，从而激发出我们新的想法，促使我们不断地创作出新作品。

柴田拓郎《三菱罐》，2016 年
手工捏塑，当地炻器黏土，铁绘，盐 / 柴烧，奥顿温锥 11 号。作品尺寸：40.5 cm×38 cm×61 cm
照片提供：柴田拓郎

位于北卡罗来纳州西格罗夫的东谷工作室
照片提供：柴田拓郎

蒙大拿州和阿奇·布雷（Archie Bray）

　　蒙大拿州拥有优秀的研究和勘探条件，这不仅体现在蒙大拿州立大学的学术水平及其专注于野生黏土研究的计划之中，还体现在位于海伦娜（Helena）的阿奇·布雷基金会之上。从历史的角度，在该州西部发现的当地黏土在蒙大拿州的矿产资源史上具有举足轻重的地位。该基金会的位置最初是西部黏土制造公司的所在地，该公司由英国人 C.C. 瑟斯顿（C.C.Thurston）于 1883 年创立，很快，于 1885 年被酿酒师尼古拉斯·凯斯勒（Nicolas Kessler）收购，并聘请查尔斯·布雷（Charles Bray）管理工厂。在布雷的管理下，工厂生产排水砖、铺路砖和花盆等其他家用器皿。1905 年，凯斯勒与当地的砖厂主约翰·施维策（John Switzer）合作，施维策在海伦娜西部约 24 千米处的布洛斯堡（Blossburg）附近拥有一处当地黏土矿，西部黏土很快成为蒙大拿州顶级的砖厂。20 世纪 30 年代，查尔斯的长子阿奇（Archie）接管了工厂，他一直成功地经营着该厂，直到 1953 年去世，之后又由他的儿子阿奇经营到 1960 年。由于能够采掘到足够适合商业生产的当地黏土，该公司垄断了整个蒙大拿州的市场。

　　据蒙大拿州国家公园管理局所说："西部黏土制造公司生产了蒙大拿州最高质量的砖。该工厂生产的砖被建筑师指定用于该州一些最重要的公共建筑——如今在海伦娜的哈里森堡（Fort Harrsion），比尤特和海伦娜的联邦法院，海伦娜的市政中心和第一国家信托公司，加伦的州立医院，米苏拉、博兹曼、比尤特、哈弗（Havre）和狄龙（Dillon）的州立大学校园，以及远在卡利斯佩尔（kalispel）和比林斯（Billings）等地的其他建筑物［国家公园管理局（NPS）］都可以看到该厂生产的砖。"

西部陶瓷制造公司的鸟瞰图，拍摄于 20 世纪 30 至 40 年代该公司鼎盛时期
照片提供：阿奇·布雷基金会档案馆

西格罗夫和陶艺之路

独特的地理位置和丰富易得的黏土使西格罗夫地区的陶工人数达到饱和，这在其他地区并不常见。在 19 世纪，许多德国或英国后裔的陶工开始涌入该地区，富含硅质的黏土价值很快显现出来。19 世纪上半叶，西格罗夫的陶工开始烧制高温盐釉炻器。此时，伴随着老普兰克路（old Plank Road）的修建，新兴的铁路系统开始发挥作用。老普兰克路原计划是从北卡罗来纳州的费耶特维尔（Fayetteville）通往索尔兹伯里，它与铁路一起为北卡罗来纳州乡村地区的贸易和经济发展打下了交通基础。西格罗夫的陶艺家迅速迎来了更大的市场，许多陶器厂也改变了新风格以满足这些需求。在鼎盛时期，西格罗夫及周边地区有一百多个不同的陶器厂在运营，许多陶艺家从该地区采掘黏土。

约翰·阿尔姆奎斯（John Almquist）（左）、鲍比·欧文斯（Bobby Owens）（中）、查尔斯·摩尔（Charles Moore）（右）在挖掘当地黏土
照片拍摄于约 1972 年
照片提供：萨姆·斯维兹（Sam Sweezy）

博伊斯·尤（Boyce Yow）和皮特·戴维斯（Pete Davis）在西格罗夫附近的米奇菲尔德（Michfield）矿山挖掘黏土
照片提供：本·欧文三世（Ben Owen Ⅲ）

　　随着人们重新燃起对手工艺的兴趣，越来越多的学校开设陶艺课程。20世纪60至70年代，北卡罗来纳州陶器的需求增长，艺术家工作室也随之增长。1982年，一群西格罗夫制陶者创办了"西格罗夫陶艺节（Seagrove Pottery Festival）"和"西格罗夫陶艺家庆典（Celebration of Seagrove Potttters）"，活动在每年11月的同一周末举行。705号高速公路直穿西格罗夫镇，因此被亲切地称为"陶艺之路（Pottery Highway）"。

　　目前，西格罗夫的周边地区如坎多尔（Candor）、罗

宾斯（Robbins）和斯塔镇仍然拥有蓬勃发展的陶工社区。虽然许多陶器厂开始购买商业泥料制作陶器，但仍然有许多人保留着当地传统——自己挖掘黏土。在该州采购商业黏土的史蒂夫声称："北卡罗来纳州拥有得天独厚的多样化地形和地质条件，是寻找黏土的绝佳地点。从西部古老的阿巴拉契亚山脉（Appalachian Mountains），到中部山麓和皮德蒙特（Piedmont），再到东部的沿海平原。丰富的黏土资源可以用来制造从低温红陶到高温炻器的各种器物。一些更白更纯的黏土甚至可以用来生产

鲁弗斯·欧文（Rufus Owen）本·欧文三世的曾祖父《盐烧陶罐》
照片提供：本·欧文三世

威斯康星大学河滨分校（University Wisconsin-River Falls）的名誉教授兰迪·约翰斯顿（Randy Johnston）《茶碗》，2017 年
100% 米奇菲尔德黏土，麦基奇·约翰斯顿工作室（Mckeachie Johnston Studio）的登窑柴烧，天然草木灰。作品尺寸：12.5 cm×12 cm×8 cm
照片提供：柴田拓郎

位于北卡罗来纳州西格罗夫附近的米奇菲尔德矿山，火山岩形成的富含硅质的黏土矿床
照片提供：马特·利维

瓷器和其他白色器皿。就本地黏土的品质和种类而言，没有其他州能与北卡罗来纳州相媲美。"

与世界上其他许多地方一样，由于丰富的黏土矿藏、日用品陶器业蓬勃发展，北卡罗来纳州成为文化和经济的中心，成为艺术家可以与材料、周围环境联系起来的地方。史蒂夫提到："这里的地质是由风化或未风化的花岗岩、坚硬的岩石形成的沉积层、大板岩带的火山岩、纵贯全州的几条大河系统的广泛沉积平原，以及东海岸沿线的河口沉积物构成。除此以外，州内还有烟煤矿床。这些因素使北卡罗来纳州成为一个让陶艺家可以找到各种黏土的胜地。陶艺家也可以在此发现包括原生高岭土和真正的耐火黏土等独特材料。河流系统提供了一些优质的次生黏土。在火山板岩带，风化的岩石和灰烬形成了有趣的黏土沉积物。东南部的高岭土地带穿越这里，带来了大量高品质的白色次生高岭土矿床。"

备前（Bizen）土

备前烧是日本最独特的陶器，因为这种黏土是从稻田里挖出来的，颜色通常是深灰色或黑色。黏土中含有丰富的铁元素，可塑性很强。这种黏土的烧制温度通常比炻器低，因此柴烧时，目标温度较低，但烧制时间要比日本其他古窑址长得多。

备前陶工在陶器成型过程中不喜装饰，但他们有特殊的技艺，即将稻草、熟料、匣钵、木炭等装入窑内，以便在柴窑中获得有趣的色彩和肌理，当地陶工使用当地野生黏土制陶的方式在几个世纪前就已形成，备前烧陶器的制法至今没有太大的变化。

目前，备前烧深受原料短缺的影响。备前土沉积在水田下面，挖掘黏土的机会是季节性的，偶尔可为之。有些陶工尝试从附近的山上采掘粗砺的野

隐崎隆一（Ryuichi Kakurezaki）工作室里未加工的备前土
照片提供：柴田拓郎

生黏土，但这与古老的备前土不同。在备前地区挖掘和供应黏土的企业并不多，黏土短缺已成为一个长期问题。

备前位于冈山县，在神户和广岛之间的人口稠密地区。随着住宅区的兴建，稻田逐渐消失。对陶工而言，这是一个艰难的局面：不仅黏土的供应受到影响，木柴也是一个问题；在密集的社区中，窑炉排出的烟雾也造成了问题。当代备前陶工已经开始从备前市中心（被称为"伊部"地区）搬到郊区，以避开居民区。

备前烧陶艺社区面临的稀有材料短缺的问题和如何解决这个问题的方法可能是世界上其他陶艺之乡未来都需要解决的课题。

日本的水稻田
照片提供：柴田拓郎

隐崎隆一《羽皿》，2013 年
备前土，电窑烧制。作品尺寸：101 cm × 32 cm × 13 cm
照片提供：隐崎隆一

上页图：
柴田拓郎《托盘》，2004 年
信乐陶土，泥板成型，柴烧，奥顿温锥 11 号。作品尺寸：44 cm × 4.5 cm × 2.5 cm
照片提供：柴田拓郎

日本信乐古登窑遗址
照片提供：柴田拓郎

信乐（Shigaraki）土

　　京都东部滋贺县的信乐，位于日本最大最古老的琵琶湖（Lake Biwa）以南。这里高山环绕，远离城市和高速公路。

　　据说，信乐黏土沉积于大约 400 万年前原生琵琶湖的水下，当时的琵琶湖还没有移动到信乐北部。后来，陶工们发现了曾经位于水下的可塑性黏土。据确切记载，信乐的陶器生产始于公元 742 年，当时陶工为圣武天皇的紫香乐宫（Shigaraki-no-miya Palace）制作瓦片，但宫殿并未完工就被遗弃了。该地区的其他遗址也有助于解释信乐陶的起源。

日本信乐的长石矿
照片提供：柴田拓郎

柴田拓郎《引出茶碗》，2004 年
信乐炻器土，柴烧，奥顿温锥 11 号。作品尺寸：10 cm × 10 cm × 8.5 cm
照片提供：柴田拓郎

现在，信乐有一些商业性的私营黏土公司和一个黏土行会。他们使用一些当地的野生黏土制作各种坯体。当地的陶艺家通常从这些黏土制造商那里购买湿黏土，然后混合制成自己喜欢的坯体。

此外，在信乐还有一个由滋贺县地方政府资助的信乐陶瓷研究所。陶瓷科学家们研究信乐当地的陶土以支持该行业。陶艺家可以到这些机构其中的任何一家，请专业人士研究技术和材料问题。多年来，日本的这种黏土研究和供应体系一直保护和支持着许多陶瓷产地的陶瓷业发展。

信乐陶器的正式生产始于中世纪末期（大约 13 世纪），当时陶工们制作了许多功能不同的陶器产品，包括当时城镇所需的大型罐子、容器和其他功能性家居用品。

信乐陶土以其粗砺、多石和高耐火度而闻名。信乐周围有一些大型的长石矿，是黏土、釉料和泥浆等材料的重要来源。与其他历史悠久的窑址一样，信乐窑也是建在大量可用黏土矿藏的附近。

早期信乐烧无釉壶的颜色范围从深褐色到明亮的橙色不等。有时成品会开裂，有时成品会因膨胀而变形。这些陶器的制作者在信乐当地挖掘黏土并在信乐穴式窑中烧制，通过不断地试错了解当地黏土的特性和局限性，制造出更有特色的作品，逐渐形成信乐烧独特的风格。

谷田和也《信乐蹲陶罐》
信乐陶土，穴式窑无釉柴烧。作品尺寸：直径 23 cm，高 33 cm
照片提供：谷田和也（kazuya Furutani）

斯塔陶瓷工坊的黏土工厂，加工本地野生黏土。照片拍摄于 2015 年
照片提供：北卡罗来纳州中心公园／斯塔陶瓷工坊

在北卡罗来纳州中南部采集的铁质黏土，用
于斯塔陶瓷工坊制作商业黏土
照片提供：马特·利维

北卡罗来纳州斯塔市的斯塔陶瓷工坊

　　斯塔陶瓷工坊隶属于一个非营利性艺术组织，该组织于 2005 年在北卡罗来纳州斯塔市成立。斯塔陶瓷工坊开始研究北卡罗来纳州的黏土，并建立了一个小型黏土加工厂。自 2008 年以来，斯塔陶瓷工坊一直加工当地的野生黏土，其目标是尽量保持野生黏土的独特性。

　　斯塔陶瓷工坊向美国各地的学校、艺术机构和陶艺家提供黏土。黏土工厂有一个约 3t 的搅拌机用于处理

黏土。首先，需要通过振动筛去除大块石头和杂质，将液态黏土输送到一个压力罐，进入三台压滤机压成黏土坯板，随后通过去气泡切压机重新混合后，再挤压成约 11 kg 的黏土块。尽管这种过滤工艺在世界其他地区的黏土生产中非常普遍，但由于黏土资源的采集、研究和生产需要大量的劳动力和成本，斯塔陶瓷工坊是北美少数几家仍在使用这种工艺的黏土公司之一。

第二章

土壤生态学与地质学

———————

黏土的存在对地球生命的起源至关重要。黏土的形成是基于风化作用。地球表面的最上层通常被称为表土层，平均厚度约 50 cm，有许多不同的矿物：二氧化硅、长石及岩石颗粒等。除此以外，还有少量的有机物，包括甲烷的其他气体、水等。表土层在黏土形成过程中起着至关重要的作用。表土层的属性与它所处的具体地区密切相关。不同的风化和侵蚀模式会形成不同类型的土壤，无论是富含钙和硅的沉积岩，还是含有大量铁和酸性矿物的火成岩，它们都具有特定地区母岩的特征。风化程度较高的地区，尤其是水分较多的地区，往往会产生更多的黏土沉积物。冰川消退的地方或湿度较高的热带地区尤其如此。土壤质地通常以砂粒、粉粒和黏土的比例来描述。这些假定纯净的砂粒或石英很少单独出现；相反，黏土总是由一定量的砂粒、粉粒，以及有机物质组合而成。黏土中的含砂量对黏土的可加工性至关重要，因此，在勘探材料时，大家都会寻找砂粒和粉粒比例较低的黏土。

蒙大拿州菲利普斯堡附近的路堑，显示出前寒武纪时期黄色泥岩和红色泥岩的交替层
照片提供：马特·利维

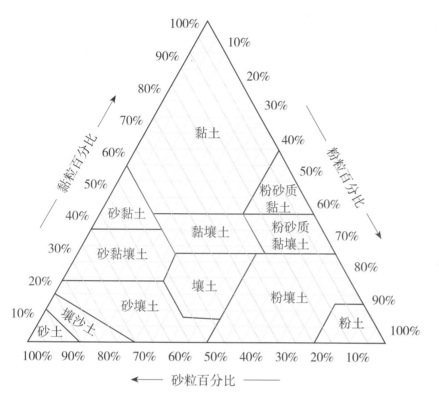

粉粒、砂粒和黏土之间的关系示意图。图中内容改编自美国土壤局

母岩"从何而来"

母岩是指通过风化和侵蚀作用形成的黏土基石。要形成特定的黏土，必须有特定的岩石。高岭土是制造瓷器的必要原料，来自花岗岩等含硅和长石较多的低铁质岩石。对于任何勘探黏土的爱好者来说，"从何而来？"这个问题应时刻问一问自己，提醒自己，要想找到黏土，必须了解该地区的底层基岩，尤其是在它们不可见的情况下。

黏土是由于地球表面持续而强烈的风化和侵蚀作用形成的，包括岩石的物理干燥、分解和矿物的化学风化。黏土的形成（高岭石化）由多种侵蚀力量促成，包括流动的水、流动的风、地热和向下渗透的水。这些因素或单独作用，或共同作用。在温带至热带环境及降雨量较多的地方，黏土容易通过酸性环境形成。土壤中的酸性反应被称为化学风化，它使黏土矿物得以形成。这种反应在气候温暖的地区最为常见。大量的植物会加速风化过程，通过表层土壤的酸化作用分解岩石。较干燥的地区会产生相反的效果，在干旱或沙漠地区发现的黏土往往含有较多的碳酸钙和可溶性盐。这些地区发现的黏土多为水道及干涸河床中的沉积物，被称为次生黏土。

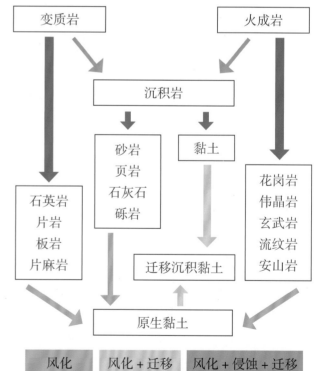

风化图显示了岩石转化为黏土的传统模式。这一过程是循环往复的，也就是说，黏土可以变回岩石，并再次风化成黏土

不同阶段的明尼苏达州粉红色花岗岩（从左到右）：从风化岩石、到废弃矿坑开采的未加工的高岭石、再到处理过的 60 目大小的黏土
照片提供：马特·利维

就地在基岩上形成的黏土，被称为原生黏土；如果是通过水和风力或冰川迁移所致的沉积物，则被称为次生黏土。可以说，任何经过迁移的物质都应该被视为次生黏土，尤其是含有大量铁和锰等杂质的黏土。在使用这类黏土之前，我们最好能了解这是"从未固结物质中形成的黏土"，这样可以将它们与通过地热和酸性侵蚀作用在基岩中形成的黏土区分开来。

花岗岩、砂岩或流纹岩等母岩形成的黏土中富含游离二氧化硅。页岩或玄武岩等火成岩生成的黏土二氧化硅含量较低，但富含铁、锰和钙。关键因素是长石的存在，它会在风化过程中变成高岭土。

冲积矿床因富含铁、镁和其他有价值的矿物而被视为优质黏土。由于高岭土的黏土颗粒中带有负电荷，表面积较大，钾、钛、钙、铁和锰等带正电荷的矿物质自然会被高岭土颗粒所吸引，从而成为制作黏土坯体、泥浆，以及釉料的重要原料。有了这些额外的矿物质，人们逐渐在特定区域的黏土中发现相关的特性。换句话说，这些"杂质"可以决定其所含黏土的颜色、温度范围和可加工性。

约兰达·罗林斯（Yolanda Rawlings）《砂锅》
云母黏土，坑烧
照片提供：约兰达·罗林斯

黏土的分类

　　大多数与陶瓷有关的黏土均属于高岭石类，由比例为1∶1的四面体硅氧层和一个八面体氧化铝层交替构成，化学结构为 $Al_2O_3 \cdot 2SiO_2$。不同类型的商业黏土可以添加到当地黏土中，以提高其可加工性和强度：

高岭石——典型的中国黏土。高岭石的化学式为 $Al_2O_3 \cdot 2SiO_2 \cdot 2H_2O$。除膨润土外，陶艺家使用的大多数黏土都将高岭石作为其主要成分。"高岭石"一词专指纯净的矿物。同时，"高岭土"一词还用于描述含有极少量钛、铁杂质的黏土材料。高岭土通常以原生矿床的状态被发现，常常位于其风化的母岩附近。如果风化的作用强烈，比如受地热力影响，这里就会出现大量的高岭土，并与衰变的花岗岩、流纹岩和其他富含长石的火成岩混杂在一起。添加高岭土是增加黏土中氧化铝并提升其烧成温度上限的绝佳方法。如果你有一种野生黏土在高温下玻化过度开始熔融，那么添加高岭土就可以促使扩大烧成范围。

球土——可塑性极强的细颗粒黏土，含有大量高岭石以及其他矿物质，如钾、钠、钙和云母。由于含有这些额外的矿物质，球土的耐火度通常低于纯高岭土。大多数球土由高岭石、云母和二氧化硅三种矿物组成。它们本质上都是沉积物，沿着古老的河床形成，被水将颗粒分散得越来越细。在美国肯塔基州和田纳西州之间有一层厚厚的球土矿床带，在加拿大萨斯喀彻温省南部附近也发现了一些球土矿床。球土是许多高温坯体的主要成分，通常与特定类型的高岭土搭配使用。球土用于较粗且可塑性较低的黏土中，以增加黏土的可塑性和生坯的强度。由于它们能够保持悬浮状态，不易沉淀，通常被用于注浆成形。我们还必须知道的是，在窑炉中烧制后大多数球土都有高达20%的收缩率，因此我们需要选择较粗的材料以降低干燥过程中的开裂程度。

耐火土——这些沉积黏土常见于石炭纪煤层之下，是那个时期煤林的基础土壤。这些下层黏土通常处于潮湿状态，只需极少的加工就能迅速分解成可塑性黏土。岩状耐火土和页岩必须通过粉碎和研磨才可能达到理想的可加工状态。富含氧化铝的耐火土通常被认为是一种耐火材料，将其添加在塑性黏土中可增加生坯的强度。

位于蒙大拿州博兹曼郊外，靠近贝尔溪附近的陶土。这种材料从火成岩和火山岩风化成泥岩，然后再次遇到风化，形成塑性黏土沉积物

照片提供：马特·利维

这种耐火土通常含有游离二氧化硅和石灰形式的碳酸钙。在使用耐火土制作黏土坯体时，对材料进行筛分，以避免将石灰碎屑带入成品黏土中产生"石灰爆裂"，因为碳酸钙颗粒在烧结后会重新水化，并在膨胀过程中破坏周围的陶瓷。耐火土是制作耐火砖的主要成分，高铝耐火土用于制作窑炉耐火砖和立柱等其他窑具。

湖积黏土——也被称为湖泊黏土。这些沉积物通常是在低能粒子的长期作用下形成的，往往与各种淤泥层、黏土层、碳酸盐矿物层，以及反映周围地质的其他杂质和金属叠压在一起，在干旱地区很容易获得的湖泊和盆地黏土。但这些资源通常富含碳酸钙，因此通常作为低温黏土使用。在海拔较高的地区可以发现较古老的湖积黏土，这些地区的历史水位下降，使这些黏土沉积暴露在湖岸和其他水体中。由于降雨和季节性洪水带来更多沉积物，U型湖泊也会产生湖积黏土。明尼苏达州的苏必利尔湖（Lake Superior）及其周围有许多湖沼黏土沉积物，这些沉积物主要由冰川消退形成，它们散落在明尼苏达州和威斯康星州之间。根据经验，湖床及其周围的许多黏土沉积层都含有大量的沉积物和助熔剂，是上好的釉料，但是不一定适合制作坯体。不过，就像地球上的其他事物一样，任何规则都有例外。

云母黏土——天然含有大量云母黏土的总称，通常来自沉积岩或富含云母/黑云母的火成岩母岩。当有人提到云母黏土时，他们指的是在干旱地区发现的一种陶器类型的黏土，常用于制作传统的炊具。由于富含云母，这些黏土能够抵抗热巨变。富含云母的黏土还具有碱性，可以中和番茄和辣椒等食物中的酸性，因此在历史上曾被用来制作炖锅。含云母的陶器用于烹饪时比其他陶器受热更均匀，是慢火烹饪肉类和豆类的理想器皿。这些黏土的可塑性较低，通常采用传统的手工制作工艺，如泥条盘筑和打磨。这些技法可以使黏土颗粒包裹得更加紧密，以增加抗剪切强度。大多数用这种方法制作的陶器能经受火焰的直接烧灼，并能在厨房中"工作"多年。与大多数陶器一样，云母陶器被认为是多气孔的。如果打算用于烹饪，则云母陶器内外都必须打磨至光滑。还有一些耐火土，如高岭土和球土，也有较高的云母含量。然而，这些黏土通常需要添加其他材料才能配制成可使用的黏土坯体，而含云母的陶土可以作为制作器皿的单一来源，只需添加少量的砂或熟料来解决收缩问题。

膨润土——所有黏土勘探者的克星。这些黏土源自富含钠和钾的火山灰。在美国大部分地区这些黏土通常以薄层土的形式存在。虽然乍看之下，它们具有可塑性，陶艺家可能会因为发现了一种白色可塑性黏土而兴奋不已，但膨润土在气化时也会膨胀，其收缩率远高于其他类型的黏土，因此大量使用时会出现问题。通常情况下，黏土中添加2%~5%的膨润土以增加可塑性，但如果超过这个比例，黏土就会出现开裂和收缩的问题。膨润土非常适合用于釉料，因为它有助于悬浮，且不会对熔融过程产生不利影响。当遇到一条薄薄的白色/米黄色矿脉——尤其是最初就显示出可塑性特质时——最好保持警惕。由于火山灰床在世界各地都广泛存在，如果你在寻找可行的黏土材料，膨润土会经常出现在你的视野中。

陶土——任何富含铁、锰和氧化钙的杂质黏土的总称。陶土是一种通过风化，随着水的迁移而形成的次生黏土，通常具有很强的可塑性，被认为是一种单一来源的黏土坯体，几乎不需要任何添加剂就可以用来制作陶器。陶土可以来源于风化的玄武岩等火成岩，也可以源于沉积岩。这些岩石在原地风化或迁移到另一个地方。每次发生这种情况时，黏土的颗粒度都会变得更细，并且吸收更多杂质，熔点也会随之降低。这样，许多低温黏土通常会在高温下成为有价值的釉料和化妆土。大多数陶土在未经烧制时呈现出红色/橙色——赤陶就是一个典型的例子。在野外也有发现过白色或米黄色陶土，主要助熔剂是钙、苏打和钾。然而，更常见的情况是次

在明尼苏达州圣保罗市密西西比河沿岸发现的迪科拉页岩矿床的黏土。这条特殊的矿脉是在建造房屋地基时暴露出来的。请注意其中的黄色赤铁矿斑点
照片提供：马特·利维

生黏土与铁和锰接触会使黏土的颜色呈现出泥土的色调。人们不应该认为白色黏土，尤其是那些显示出迁移迹象（在河床、溪床或湖泊边发现）的黏土是高岭土，这些黏土在高温下并不具有足够的耐火度。

泥灰质黏土——由冰川时期风化而成的黏土，由于含有其他矿物、化石和有机物／碳化物，因此很难鉴别。在形成岩石的过程中，这些黏土经常受到地下水渗透的影响，从而带来溶解的矿物质，如铁、钙、盐，甚至还可能含有毒性的矿物，如砷和各种重金属。泥灰质黏土在历史上曾用于制陶和制砖。

页岩黏土——源自沉积岩。如果暴露在地表条件中，加上侵蚀作用，许多页岩很容易被分解成可用的塑性黏土。即使大部分黏结在一起的页岩，也可以被粉碎和磨成适合制陶的黏土。明尼苏达州有大量的迪科拉页岩矿藏，其中一些地区的岩石仍能抵抗侵蚀且基本完好无损，而另一些地方的页岩已经分解成黏土。采集页岩通常可以通过道路切口和旧采石场进入，但要注意的是，大多数页岩相对松软，易受侵蚀过程的影响，在废弃的采石场和山坡中挖掘可能存在危险。尽管如此，页岩仍是细颗粒可塑性黏土的极佳来源。页岩的矿物成分差异很大，

有些含有大量的钙和可溶性盐类，而另一些可能纯粹是细颗粒黏土。页岩中通常含有杂质，因此在将材料用于特定的烧制温度之前，需要进行大量的测试。

赭石——一类特殊的天然颜料，基本上是铁氧化物的变种，混合了不同程度的黏土、砂砾或富含钙质的白垩状黏稠物。通常，含铁物质的比例在 60% 以上的，被视为不纯的铁矿石。这些不纯的铁矿石很少有大量矿藏，经常与其他矿物一起被发现。赭石是无毒的，

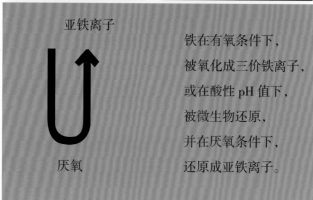

上图展示了铁在地表与氧气接触时如何氧化，以及类似的过程如何在地下发生，氧化铁在土壤中暴露于微生物和酸性条件时如何发生化学变化

可以快速将其添加到釉料和泥浆中以获得铁红色。天然的土质颜料主要由三种矿物质构成：褐铁矿、赤铁矿和针铁矿。

褐铁矿——黄赭石。化学式为 FeO（OH）。褐铁矿曾被定义为一种矿物，但现在被视为其他水合氢氧化铁矿物（如针铁矿）的混合物。褐铁矿通常以黏土或泥岩的形式出现，碾碎时呈黄色固体。黄赭石的一个分支是富铁黄土［褐铁矿与少量锰（低于 5%）的混合物，颜色较深］。

可以加热富铁黄土和赭土。通过脱水过程，这两种材料里的一些褐铁矿会转化为赤铁矿，从而使这两种材料的颜色变深，形成富铁煅黄土和富锰煅赭土。

赤铁矿——红赭石。化学式为 Fe_2O。赤铁矿是一种无水氧化铁，即晶体结构中几乎不含化学水。这种赭石因其干燥速度快和耐晒性强，在历史上曾被用于制作强烈的红色油漆和染色剂。

针铁矿——棕赭石。化学式为 FeO（OH）。针铁矿是一种部分水合的氧化铁，能产生大量的棕色赭石。它是其他富铁矿物风化的副产品，因此很容易在地表被发现。

赭土——主要是针铁矿，含锰量为 5%~20%，具有强烈的棕色调。

铁矾土——虽然不一定是赭石，但用途类似。水合铁—锰—铝矿石通过将铁置换到铝硅酸盐中，随着时间的推移，硅会被浸出。如果铝含量超过 50%，那此时的矿石通常被分类为铝土矿，尤其在还原冷却气氛中寻找强烈的铁反应。

赭石矿床常见于有氧自然风化或地热活跃的地方。在这些地方，富含铁的岩石被水分解，在周围的岩层上沉淀出富含铁的沉积物。这些含铁的矿物浸透到黏土和钙沉积物中，形成了我们所看到的赭石材料。

土壤层

　　土壤形成的过程通常涉及黏土、水和溶解离子的向下运动，其典型结果是形成化学特性和质地不同的层次，这被称为土壤层。典型的土壤层如图所示：

　　O 层——有机物质层

　　A 层——部分腐烂的有机物与矿物混合层

　　B 层——上层土壤中的黏土、铁和其他元素的堆积层

　　C 层——不完全风化层，通常由形成 B 层中黏土的母岩组成

　　了解黏土在传统土壤层中的常见位置是很重要的。在大多数情况下，如果土壤层发生严重侵蚀，并且暴露在表面，那么可能在 B 层和 C 层之间发现黏土。被 A 层覆盖的黏土沉积物将继续分解，在土壤中受到酸性侵蚀而变得更加具备可塑性。在被自然力或人为因素（如高速公路边的路基）破坏的地区，风化作用通常会使细黏土材料迁移，使其进一步暴露在侵蚀过程中。事实上，人类的土木工程导致通常需要数千年时间才能发生的岩石和黏土的侵蚀在短时间内便产生了。这些地层的起伏波动取决于与 C 层相关的母岩及季节性天气变化时的环境温度。当处在热带气候中，A 层和 B 层之间往往会出现更严重的风化，这是因为温暖的气候会使土壤的酸度更高。

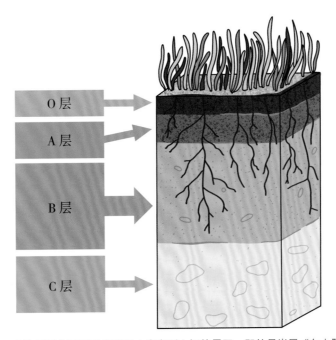

土壤层示意图显示出不同土壤类型之间的界限，即从母岩层"向上"移动到由各种矿物质、氧化物和有机物组成的日益风化的物质

第三章

寻找黏土

马特·利维

采掘黏土和矿物的合法性

在美国的法律体系中，所有黏土和其他材料均被视为属于某个人或某实体所有。在法律概念中，不存在完全"无主"的东西。即使没有特定的个人或团体拥有黏土或矿物的所有权，联邦、州或地方政府会对该财产上的所有黏土或矿物拥有默认所有权。

大多数情况下，位于地表特定黏土层的所有权与这些黏土所在土地的所有权一致，因此拥有土地的人也拥有这些原料。

在某些情况下，黏土和其他矿物的占有权可以转让给他人或组织。例如，土地所有者可能会将特定土地出租或设置保护地役权，将收集暴露的黏土和其他矿物的权利转让给一个非营利机构（学校、俱乐部等）。这个非营利机构拥有使用黏土的合法权。

在其他情况下，当黏土矿藏（包括特定的、可识别的矿物）并不位于某块地产的地表时，合法权益的持有者通常是指拥有矿物或黏土权益的公司。例如，一家制砖公司租用了从不同地产挖掘出的多种黏土资源，原业主持有这处房产，但制砖公司拥有从该地区获取任何材料的采矿权。

即使土地所有者允许别人进入他们的所属地，也并不意味着这些外来者拥有从该地区采集黏土等材料的权利。有许多例子表明，有人因非法侵入私人领地并采集黏土或其他材料而受到刑事指控甚至被诉讼。适用于岩石采集的法律也同样适用于黏土和其他自然材料，因此千万不要认为任何东西都是可以免费获取的。

上页图：
铃木茂至（Shigiji Suzuki）在信乐的中里工作室挖掘黏土
照片提供：南希·富勒（Nancy Fuller）

明尼苏达州雷德伍德瀑布（Redwood Falls）的高岭土矿床。这些高岭土来自该地区的一种粉红色花岗岩，大部分原生黏土矿床与粗硅石和长石碎屑混合在一起
照片提供：马特·利维

在试图采集黏土和其他自然材料之前，最好还是获得书面许可。

美国有一些州对矿物和黏土的采集，制定了相关法律和变通措施。采集岩石和黏土之间的区别可能变得模糊，通常情况下，在美国土地管理局（BLM）管理的土地上采集岩石、矿物和黏土，如果"不会对地表造成严重干扰"——36 CFR 228.4a（1）（iv）（美国相关法规条款）则是被允许的。如果要在公共财产上大量采集黏土，则必须向土地管理局提交意向通知和操作计划，并获得许可。

最好与土地持有者合作并获得在私人土地上挖掘的许可。即使在这种情况下，移动黏土和其他材料也可能是非法的。一个很好的例子就是现在收藏在芝加哥菲尔德博物馆（Field Museum）的被称为"苏（Sue）"的霸王龙的故事。这块化石遗骸最初是从南达科他州的部落土地上移来的，最终引起了争议，因为这块土地是"托管"的，未经政府许可，土地所有者无权出售霸王龙的遗骸，而土地所有者当时并不知道这一点。在美国，了解联邦、州和地方法律之间的区别对于避免麻烦至关重要，在世界上的某些地方可能更加重要。在没有适当文件的情况下，跨境向不同国家运输土壤和黏土通常是非法的。请务必做好调查，了解挖掘地的规定。

在明尼苏达州圣保罗（Saint Paul）北部采集黏土。这些次生矿床分布于密西西比河的上游河岸。黏土勘探者都有机会从建筑工地获取黏土。与所在地区的挖掘公司建立联系就可以获得丰硕成果
照片提供：马特·利维

选择合适的挖掘地点

应该始终有一个计划。你应该采取一种常识性的方法——将重点放在识别黏土通过侵蚀形成或迁移的空间上。为此，你需要对打算勘探地区的地质有一个基本了解。可行性黏土来源的潜力通常与该地区周围的岩石有直接联系。从很多方面来说，当地的黏土和矿物直接反映了当地地貌。

鉴于河流、小溪和其他水道很容易遮住目标，影响判断，培养一双发现黏土的眼睛至关重要。在周围环境中快速识别黏土的能力是随着时间的推移而获得的。我经常将其比作寻找蘑菇：要找到想要的东西，最好的方法就是亲自去寻找。如果是在一个新的地区寻找潜在的矿藏，我会首先拜访历史上已知存在黏土的地方。黏土是地球侵蚀力的副产品，由风化、地热活动和土壤酸化等因素造成的。因此在周围的地貌中确定目前正在发生或过去曾经发生过这些事件的区域是至关重要的。再进一步细分，可以将黏土矿藏简化为两类：原生沉积和次生沉积。

原生黏土

又称一次黏土，通常被描述为在原地形成的沉积物，这意味着母岩在其被发现的地点风化或分解。高岭土是原生黏土的一个很好的例子。花岗岩或类似花岗岩的岩石会随着时间的推移通过地热活动分解。岩石内的长石矿物通过高岭化的过程分解成高岭土。原生黏土通常较粗，不含或含有少量铁等杂质，烧制后呈现为浅黄褐色或米黄色。这类黏土较难处理，缺乏次生黏土矿床的可塑性。在传统意义上，岩石，即使含有微量的长石，都可以在适当的外力和时间内风化成黏土。

密西西比河外滩的一个典型的次生黏土矿床，在明尼苏达州圣保罗发现。请注意黏土中交替的色层
照片提供：马特·利维

次生黏土

特点是通过迁移而沉积。换句话说，它们是通过风和水（或冰川作用）从原生地被带走的。在迁移过程中的侵蚀作用下，黏土材料不仅被按颗粒大小分类，还分别被引入了铁、锰、钙和钛等杂质。这些杂质影响着黏土的可塑性、颜色，以及烧成温度。球土、陶土和其他富含铁的黏土来源通常是这些侵蚀力作用的副产物。在明尼苏达州和美国其他北部地区发现的大部分黏土都是

蒙大拿州海伦娜（Helena）北部的原生高岭土矿床。该矿床是一种从风化流纹岩中提取的粗黏土，在平整一条乡间小路时发现的，因此很容易获得
照片提供：马特·利维

由冰川融化而形成的。早在 10 000 至 12 000 年前，冰川曾经覆盖了该州的大部分地区。由冰川形成的黏土通常显示出不同材料（包括岩石和砂砾）的层状结构。根据冰川力量遇到的母岩层类型，这些巨砾黏土可以从红色（火成岩／火山岩类）到蓝色／灰色（石炭纪）不等，其中还包含来自石灰岩沉积物的碳酸钙。巨砾泥及周围的冰川沉积物中含有大块岩石。这些岩石通常被冰川的侵蚀力磨圆，这有助于确定黏土形成的母岩类型。

寻找指南和互联网资源

在互联网时代，有许多途径可以获取黏土矿藏的可靠来源，包括美国地质调查局（USGS）数据库、自然资源部（DNR）的资料和各州的农业、土壤分析数据。与其盲目地走向户外，不如寻找专家和科学家已经收集的信息作为参考。在美国的许多地区，有关部门已经收集了大量关于黏土矿床的数据，尤其是在商业工业中具有可行性的高岭土和其他黏土。除了了解黏土通过侵蚀和沉积形成的基本方式外，黏土勘探者还可以通过从容易含有黏土和黏土土壤的地区开始探索，从而缩短搜索时间。

地形变化的河谷（如水道收紧变窄后又变宽的地方）是适合黏土大量沉积的理想场所。无论是自然的还是人为的，只要这片地区有强烈的侵蚀作用，就有可能产生黏土和其他材料。在美国，路基通常会暴露出当地的地质情况，并让人对一个地区的可行资源有更深入的了解。"路边地质学"（Roadside Geology）系列丛书就在介绍这些内容。该丛书按州分类，帮助黏土勘探者找到可进入地区的黏土资源，或者帮助读者定位花岗岩等岩体，在这些岩体上寻找可能出现的风化现象，从而发现黏土。虽然找到黏土是主要的关注点，但千万记住回到车上或工作室，迅速测试勘探是否成功。书中列出的大多数地点都位于主要高速公路或道路旁，这使得收集材料变得更加容易。

与大多数事情一样，社区力量的介入可以节省大量时间。比如农民和建筑工人经常与土地打交道，他们可以在寻找优质黏土来源时提供巨大帮助。因为这些每天都看见黏土的人缺乏相关背景知识，所以他们并未意识到它的价值。有一次，我们在帮助一位前教授在当地小学举办黏土工作坊时，一位孩子的家长找到了我们。这位父亲在当地一家建筑公司开挖掘机，主要在博兹曼及周边地区一带工作，为未来建造房屋准备地基而挖掘大

片土地。他从未想过每天从地里挖出的黏土有何种价值，直到他亲眼见到黏土给他的孩子带来的乐趣。在工作坊结束后，他向我们展示手机上的地图，告诉我们在城外就能找到大片黏土矿脉。

没有必要只依靠个人信息和研究来寻找黏土，与社区接触并建立联系是同样重要的。因为最终的结果是你取之于土地，这与农民、牧场主和建筑工人合作可以产生极好的效果，各方受益：他们摆脱了原本需要自己搬运或处理的材料，而你则获得了尽可能多的黏土，还可以把它们带回自己的家或工作室。获得进入黏土矿藏的许可与知道其位置同样重要，尤其是在私人财产的范围。通常情况下，黏土资源对于陶艺家的价值要高于从地下开采陶土的人。在这种情况下，你就有机会与他人分享黏土的内在价值。我曾多次带着礼物——我从土地所有者的土地上采集的材料制作的陶器——回到获得它们原材料的土地上。这些作品与这块土地的直接联系，对土地所有者来说具有特殊意义，因为他们也感到自己与脚下的土地息息相关。

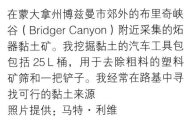

在蒙大拿州博兹曼市郊外的布里奇峡谷（Bridger Canyon）附近采集的炻器黏土矿。我挖掘黏土的汽车工具包包括 25 L 桶，用于去除粗料的塑料矿筛和一把铲子。我经常在路基中寻找可行的黏土来源
照片提供：马特·利维

收集材料：到何处寻找黏土

现场测试与分析：虽然地球上的黏土种类数不胜数，但很少有黏土能满足制作可塑黏土坯体的所有要求。对新发现的黏土进行现场测试与在工作室进行测试同样重要。收缩率和吸水率的测试最终会告诉你黏土的实际可用性。在现场衡量黏土的可用性也很重要，这将避免你费力挖掘或搬运不具备塑性或含沙量过高的黏土。石灰和盐等矿物质不可避免地会在日后产生缺陷，其他杂质也会使黏土无法用于制作陶瓷，所以筛选出合适黏土是必须的。现场分析可以帮助你剔除品质不高的黏土，只需要很少的工具就能够做到。

"泥条测试"是测试黏土是否具备可塑性的一种快速方法，这应该是检测所发现黏土的第一步。将少量黏土弄湿，搅拌到可以在手中滚动成球的粘度即可。接下来，将黏土在双掌之间来回滚动，观察它是否能轻松地形成一根薄泥条。如果黏土在滚动过程中已经出现开裂和分裂，那么可以明显地判断出源黏土要么缺乏塑性，要么含有大量的沙子。如果黏土保持完整，下一步是捏合，从一端开始逐渐将其压扁，最终捏成"泥条"。你应该能够将其缠绕在手指上而不见任何裂缝。这个简单的塑性测试将帮助你确定黏土是否适合制陶。

如果黏土是干燥的，可以借助小筛子来分离出不同粒度的颗粒，这有助于判断黏土中含有多少沙子和其他微粒。需要注意的是黏土中是否存在石灰或钙碎屑。如果该地区周围的地质中存在石灰岩，那么可以肯定会有小块的碳酸钙在黏土中。而这些石灰屑会对器物造成严重影响，直到作品经过高温烧制后才会被发现。一旦烧成，石灰屑就会从周围吸收湿气而再次水化并开始膨胀，可能会出现"石灰爆裂"现象——器表脱落，露出表面下的石灰。可以用盐酸来测试黏土是否含有石灰，这是一种简易办法。如果找不到盐酸，醋也是一种不错的替代品，但效果不如盐酸。基本上，如果黏土中含有钙，盐酸会使钙产生气泡和泡沫。用50目的细筛子筛选黏土也可以检查，"石灰爆裂"会产生小的白色碎片。

另一个问题是当靠近海水体地区采集野生黏土时，需要注意盐对黏土的影响。不幸的是，世界各大洋的侵蚀力非常出色，能让大片的黏土裸露出来，通常从海滩上就可以看到这些黏土，甚至在海滩附近方圆数里都能看到。黏土中的盐分会在干燥过程中浮到表面，并对器物产生负面影响，因为钠是一种强力助熔剂，会导致器物在烧制过程中膨胀和过早融化。将黏土中的盐分去除的过程很繁琐，除非进行大批量实验，否则不值得这样做。测试盐分的方法是烧制黏土样品。但如果黏土靠近水体或淡水河道，潮汐会将盐水带入上游，则很容易假定黏土中含有残留的盐分，产生误判。

在明尼苏达州圣保罗收集的两种次生黏土。左边是迪科拉页岩，右边是巨砾黏土。泥条测试显示只有巨砾黏土具备足够塑性，可以加工；迪科拉页岩会开裂，需要增加可塑性
照片提供：马特·利维

俄亥俄州纳尔逊维尔（Nelson ville）附近，美国 33 号公路沿线露出地面的大片岩层
照片摄影：史蒂夫·布兰肯贝克（Steve Blankenbeker）

当你意识到刚刚发现的黏土不具备生成优质黏土坯体所需的必要特性时，发现黏土的喜悦很快就会变成失望。在这种情况下，最好是收集一些样品为进行将来的测试备用，然后继续前行。一时冲动地搬走一桶桶的黏土，结果发现这些材料没有用，会让你和其他人对寻找材料望而却步，失去信心。

成功的工具：适用于任何场地的装备

如果想要勘探野生黏土，有几种必不可少的工具。除了常见的工具如铲子、袋子和桶之外，还有其他工具如土壤色卡、盐酸（用于测试碳酸钙）、筛子等可以帮助进行现场分析，节省前期时间。也可以借用花园中常用的工具，它们在户外环境中也同样有效。最好选择轻便的工具，便于装在背包或挂在腰带上，因为并不总是能在路边找到黏土。虽然塑料桶非常适合存储，而且空的时候携带起来很方便，可一旦装满就会变得相当沉重，很难拖回车里。如果我知道要走很远的路去找黏土，我会带厚实的塑料黏土袋和一个登山背包。用塑料袋装好黏土，然后装进背包里，这会更加轻松，因为负重集中在我的肩膀上，且靠近我的重心。这样一来，拥有小巧或可压缩的工具（如折叠铲）就变得非常重要。另外要记住的是，黏土越湿就越重，你能带回来的材料也就越少——你要的是黏土，而不是水。

来自北卡罗来纳州和弗吉尼亚州的九个不同地点，直接从地面取出未经处理的野生黏土
照片提供：柴田拓郎

第四章

野生黏土的加工和测试

柴田拓郎

测试野生黏土

使用黏土之前必须进行测试。

准备测试

彻底干燥黏土可加快吸水和崩解。如果容易用手掰开黏土，只需在制作试片之前加水即可。如果很难用手掰开黏土，则可能这种黏土不容易吸水。在这种情况下，用锤子将其敲碎会有所帮助。

将黏土制成泥浆，放入玻璃容器中过夜使其慢慢沉淀，上面会留下一层清水。如果没有沉淀，可以加入少量的凝聚剂使黏土和水分离，加快干燥速度，抵消触变倾向。

将黏土泥浆放在石膏上或有布的素烧碗里，干燥至可操作的黏稠度，然后在制作测试条和釉面试片之前将其揉捏均匀，以测试收缩率、吸水率和坯釉适合性。将黏土压成泥板，然后将其切割成大小合适的测试片。

另外也可以使用模具制作试片。试片尺寸为 11 cm × 2.5 cm × 1 cm，精确地标记出 100 mm，这样就可以一目了然地确定收缩率。

用锤子将野生黏土压碎成小块
照片提供：柴田仁美

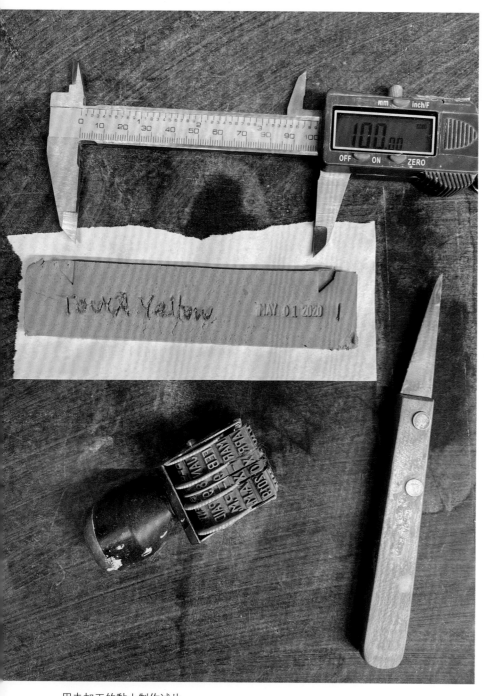

用未加工的黏土制作试片
照片提供：柴田拓郎

1. 可塑性

检查并制作泥条，将其缠绕在手指上，如果开裂和断裂较少，表明黏土可塑性较强。

2. 黏土中水的百分比

为了确定黏土中水的百分比，首先称量可塑状态下的黏土试片，干燥后再称量一次。

用湿试片重量减去干试片重量，就可以得出干燥时的失水量。再将失水量除以湿试片重量就可以得出百分比。

例如：如果湿试片重90g，干燥时失水10 g，则（10/90）×100%得出干燥时失水的百分比为11.11%。

3. 干燥收缩率

收缩率的确定方式与此类似。在测量开始前，在生坯黏土上标记100 mm，可以看出黏土在干燥过程中的收缩程度。将收缩量除以原始长度来表示为收缩率。

通过使用标记100 mm的试片，干燥后与尺子进行比较，就可以简单明了的直接读取百分比。例如，如果干燥长度为95 mm，则表明试片已经收缩了5 mm，因此（5/100）×100%给出了5%的干燥收缩率。

来自北卡罗来纳州和弗吉尼亚州九个不同地点未加工的野生黏土，经过部分加工制成试片、泥条和用于釉料测试的手捏碗
照片提供：柴田拓郎

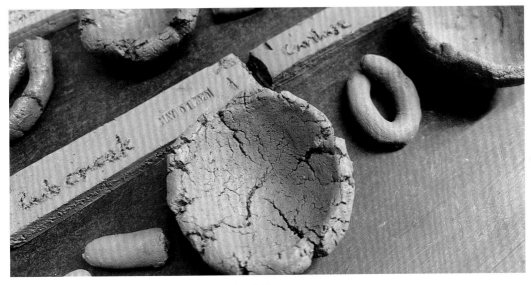

来自北卡罗来纳州和弗吉尼亚州未加工的野生黏土的特写
照片提供：柴田拓郎

在电窑中烧制试片
照片提供：柴田拓郎

4. 烧制试片

接下来需要在窑中以逐渐升高的温度烧制试片。使用04号、06号[1]和10号锥可能是不错的选择。电窑通常是在氧化气氛中烧制，而在还原气氛中烧制的燃烧窑更能展示出不同的黏土特性，包括不同的颜色和玻化度。

试片应该先在较低温度下烧制。最好将它们放在素坯盘或碗上，以防止可能会熔化。

5. 测试坯釉适应性

检查热膨胀状态的快速方法是在你准备好的素烧试片上使用已知的釉料。生坯试片也有效果，但素烧后的试片更安全。通过使用两种不同热膨胀率（高和低）的釉料，可以在一定程度上检测出釉料是否出现裂纹或脱釉现象。

6. 烧制收缩率

烧制收缩率与干燥收缩率的测量方法相同。在湿坯黏土上作100 mm长的标记就可以检测出黏土在干燥和烧制过程中的收缩程度。

例如：若烧制后的长度为88 mm，那么试片就收缩了12 mm，因此（12/100）×100%便得出了12%的收缩率。

1　译者注：根据实际情况，应为6号。此处尊重原版书，保留"06号"。

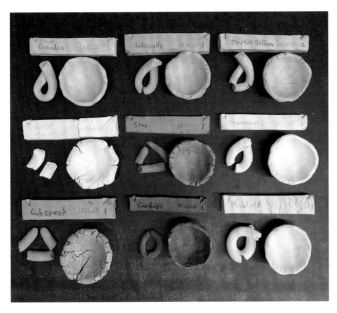

来自北卡罗来纳州和弗吉尼亚州九个不同地点未加工的野生黏土，
用奥顿温锥 09 号，即 917 ℃烧制
照片提供：柴田拓郎

来自北卡罗来纳州和弗吉尼亚州九个不同地点未加工的野生黏土，
用奥顿温锥 10 号，即 1 282 ℃柴窑烧制
照片提供：柴田拓郎

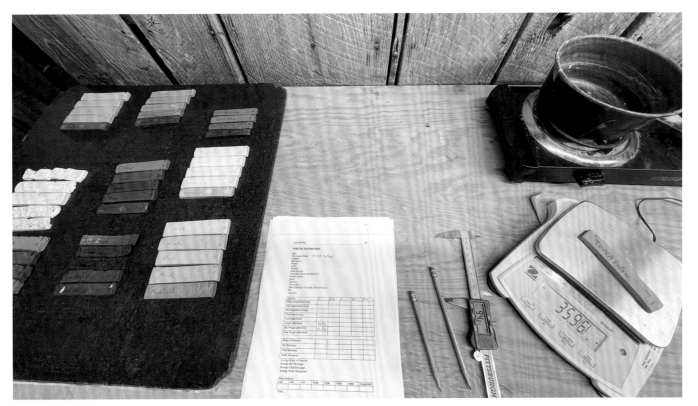

检查烧制后试片的长度和重量
照片提供：柴田拓郎

煮沸烧制好的试片，检测吸水率
照片提供：柴田拓郎

7. 吸水率

显孔隙率可以通过测量烧制后的吸水率来确定。测量并记录烧制后试片的重量（干重即 DW）。将试片在水中煮沸 5 个小时，再让其浸泡 24 小时，确保试片始终被水覆盖。将试片从水中取出，用干净的布擦干，然后再次测量并记录重量（湿重即 WW）。干重与湿重之间的差值就是吸水量。将这个数字除以初始的干重，即可得到吸水量的百分比。

例如：如果干重为 50 g，湿重为 55 g，则试片吸收了 5 g 水。将这个数字除以初始的干重，便可得到吸水量的百分比，因此（5/50）×100% 得出的吸水率为 10%。

试片之间存在个体差异，因此最佳做法是使用来自同一黏土的两个或更多试片，将它们并排烧制，然后计算平均值。

8. 检测黏土中的粗颗粒

使用系列逐级筛网，对黏土进行筛分以确定其中颗粒物的大小（典型范围可能包括 10、16、20、30、50、80、100、200、300 和 400 目筛网）。

由于黏土矿物通常小于 0.002 mm，比直径为 0.04 mm 的 400 目筛子的开口小得多。能够通过这种最细筛网的不一定都是黏土矿物，但这一过程将显示所含较粗物质的粒度分布。

为方便数据记录，本书末尾附有空白数据表的示例。

系列逐级筛网
照片提供：柴田拓郎

氧化焰烧至
04 号锥

氧化焰烧至
6 号锥

氧化焰烧至
10 号锥

还原焰烧至
10 号锥

柴烧 10 号锥

均来自北卡罗来纳州和弗吉尼亚州九个不同地点的野生黏土原料，在不同温度下烧制以测试黏土与釉料的适合性。列中是九种不同的黏土，从上到下：C04 氧化、C6 氧化、C10 氧化、C10 还原、C10 柴烧（奥顿温锥）
照片提供：柴田拓郎

氧化焰烧至 04 号锥
氧化焰烧至 6 号锥
氧化焰烧至 10 号锥
还原焰烧至 10 号锥
柴烧 10 号锥

氧化焰烧至 04 号锥
氧化焰烧至 6 号锥
氧化焰烧至 10 号锥
还原焰烧至 10 号锥
柴烧 10 号锥

氧化焰烧至 04 号锥
氧化焰烧至 6 号锥
氧化焰烧至 10 号锥
还原焰烧至 10 号锥
柴烧 10 号锥

氧化焰烧至 04 号锥
氧化焰烧至 6 号锥
氧化焰烧至 10 号锥
还原焰烧至 10 号锥
柴烧 10 号锥

氧化焰烧至 04 号锥
氧化焰烧至 6 号锥
氧化焰烧至 10 号锥
还原焰烧至 10 号锥
柴烧 10 号锥

氧化焰烧至 04 号锥
氧化焰烧至 6 号锥
氧化焰烧至 10 号锥
还原焰烧至 10 号锥
柴烧 10 号锥

九种不同的黏土在不同温度下无釉烧制试片，顶部是每种黏土的最低温度，底部是最高温
度。从上到下：C04 氧化、C6 氧化、C10 氧化、C10 还原、C10 柴烧（奥顿温锥）
照片提供：柴田拓郎

东谷黄

未烧制的黏土

氧化焰烧至 04 号锥

氧化焰烧至 6 号锥

氧化焰烧至 10 号锥

还原焰烧至 10 号锥

柴烧烧至 10 号锥

野生黏土示例。东谷黄是我们在筑窑时发现的黄色黏土。上排为未烧制的，下排为此种黏土的最高温度烧制试片。从上到下：未烧制、C04 氧化、C6 氧化、C10 氧化、C10 还原、C10 烧柴（奥顿温锥）
照片提供：柴田拓郎

野生黏土示例：东谷黄

我们在筑窑挖建地基时，发现了一些漂亮的黄色野生黏土。仁美和我称之为"东谷黄（Touya Yellow）"。我们向下挖了约 30 cm，在表土下发现了黄色黏土。我们的庄园位于历史悠久的西格罗夫地区。从邻居那里我们了解到附近有黄色黏土，不知道黏土就在脚下。我们在庄园的不同区域进行了人工挖掘，但只在窑棚周围发现了这种黄色黏土。

根据测试结果，我发现了这种黄色黏土具有的独特性。当气窑还原焰烧至 10 号锥及柴窑烧至 10 号锥时，吸水率低于 2%，收缩率约为 12%（表 4-1 ~ 表 4-2）。

对于功能性器皿而言，这些数字是实用类器皿的理想数值，既能保持水分不渗漏，又能避免开裂。

当我在检查测试结果时，注意到柴窑烧至 10 号锥的收缩率比气窑还原焰烧至 10 号锥的收缩率要小，这似乎不太对，但这确实是我从这次测试中得到的实际数字。最好制作多个试片，然后取平均值，而不只是制作一个试片。

我们将这种黄色黏土用作陶器上的装饰泥浆及制作黏土坯体。在本节中，我们将分享测试结果作为其中的一个例子。

表 4-1　"东谷黄"的属性数据

属性 黏土种类	干燥长度 （mm）	湿坯重量 （g）	干坯重量 （g）	收缩率	黏土的含水量
东谷黄（生坯）	95.58	61.03	51.43	4.42	15.73

表 4-2　"东谷黄"的烧制实验数据

属性 黏土种类	烧制温度	长度（mm）	干重（g）	湿重（g）	收缩率	吸水率
东谷黄	C04 氧化焰烧	93.97	35.96	43.76	6.03	21.69
东谷黄	C6 氧化焰烧	90.37	30.87	34.43	9.63	11.53
东谷黄	C10 氧化焰烧	88.76	33.97	35.85	11.24	5.53
东谷黄	C10 还原焰烧	86.67	32.66	33.17	13.33	1.56
东谷黄	C10 柴窑烧制	87.72	32.34	32.72	12.28	1.18

柴田仁美《野生黏土托盘》
由 100% "东谷黄" 黏土制作，柴烧。作品尺寸：直径 33 cm
照片提供：柴田仁美

北卡罗来纳州未经加工的野生黏土
照片提供：柴田拓郎

第五章

制作黏土坯体

柴田拓郎

制备炻器黏土坯体

制备黏土坯体涉及混合黏土和其他材料，以调整它们的可塑性和烧制特性，包括热膨胀、收缩率和烧结度。可塑性是指黏土在塑造时可以保持形状不变的物理特性。可塑性是一个复杂的问题，难以测量和描述，但通过如卷成泥条等物理操作会看出一些端倪。此外，收缩率的测量包括干燥收缩率和烧成收缩率，这些数据能揭示特定坯体的许多情况。烧成后的吸水率是另一个重要数据，它可以告诉我们是否需要调整烧结度或更改烧制温度。然而，在调整一个变量时，其他变量如收缩率、可塑性和坯釉适合性也会受到影响，因此需要回过头来，调整所有变量，以得出最终配方。

在制备黏土坯体前，了解可用的材料是非常重要的，因此第一步是对所有材料进行测试。如果要使用商业黏土，也应该对其进行测试。在混合定制黏土坯体之前，必须完成这些所有测试。

黏土坯体的种类很多——应根据雕塑、泥片、拉坯、手工捏塑和泥板等不同的成型方式、作品的尺度大小来选择所需坯体。

一些典型的黏土坯体可能具有以下特征：

● **雕塑和泥板成型的黏土坯体**

收缩率：低

吸水率：高

质　地：粗砺

可塑性：低

● **拉坯成型的黏土坯体**

收缩率：高

吸水率：低

质　地：细腻

可塑性：高

● **手工捏塑和泥片成型的黏土坯体**

收缩率：中等

吸水率：中等

质　地：中等

可塑性：中等

器壁较厚的大型作品容易出现干燥和烧制不均匀的问题。较粗的黏土收缩率较低，有助于防止在干燥和烧制过程中出现裂缝。雕塑坯体通常可以接受较大的孔隙率，因此吸水率可能比其他类型的坯体略高。

上述的初步测试结果应能看出未加工的黏土是否适合特定用途。烧结温度高的耐火土不适合用于低温陶器坯体。同样，烧结温度低的黏土也不适合用于高温坯体。

如果制陶者能找到可以直接使用的黏土，那真是太幸运了。大多数情况下需对黏土进行调整。最佳的方式是通过最小的调整以保留黏土本真的独特性。

第一步：调整可塑性

第一步是调整黏土的可塑性。

黏土必须具有可塑性，但如果黏土太黏，使用起来会很困难。这就需要添加可塑性较低或非可塑性材料。一般情况下，这些材料包括耐火土、长石、滑石、叶蜡石、硅石和熟料等。添加这些材料能调整黏土的可塑性，也会改变烧制特性。请接着阅读第二步，了解哪些可塑性较低或非可塑材料适合添加到黏土坯体中。

黏土经过充分浸泡并陈腐后，可获得最大的可塑性。即使在没有陈腐的情况下，真空练泥机也会将水和黏土彻底混合，并排除空气，使其更加致密并增加可塑性。如果可塑性不够，可以通过细筛来过滤黏土，以去除较粗的颗粒，细黏土的比例就会增加，使其更具可塑性。将黏土混合成泥浆并使其沉淀，粗颗粒会沉到底部，这

混合了四种不同类型的野生黏土
照片提供：柴田拓郎

样就可以只取最上面的细黏土层来使用。有一些黏土比其他黏土更容易沉淀。添加诸如硫酸镁或氯化镁之类的凝聚剂会改变 pH 值。钠离子（Na^+）和钾离子（K^+）将被镁离子（Mg^{2+}）或钙离子（Ca^{2+}）取代，从而使黏土更容易沉淀。以这种方式调节 pH 值，不仅更容易将较细的黏土从较粗的材料中分离出来，还可以进一步提高脱水黏土的可塑性。

如果得到的黏土塑性仍然不够，可以添加塑性黏土或其他如膨润土之类的增塑剂。

有时，只需将黏土混合在一起就能提高可塑性。将两种不同的黏土等量混合在一起可能会出现意想不到的作用。有些黏土混合在一起效果很好，而有一些则不然。

在尝试了两种黏土的混合后，当然也可以尝试更复杂的组合。如果有三种黏土（包括商业黏土）可供混合，那么三轴混合是测试可塑性的好方法，你也可以检查颜色、收缩率和吸水率等特性。如果以 20% 的增量进行测试，你将有 21 种组合（参见下面的图表）。

如果以 10% 的增量进行测试，将有 66 种组合可供测试。你也可以通过更少的组合来测试特定的范围。

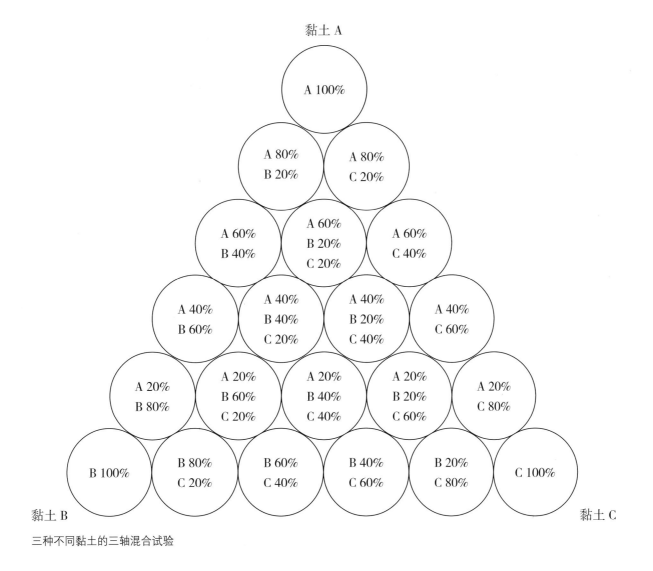

三种不同黏土的三轴混合试验

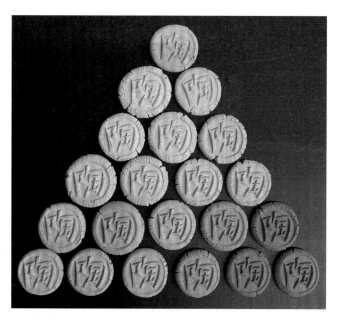

三轴混合测试，使用三种未加工的野生黏土，烧制前
照片提供：柴田拓郎

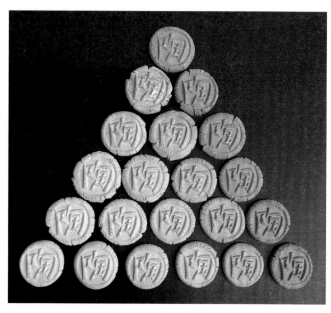

三轴混合测试，使用三种未加工的野生黏土，氧化焰烧至 10 号锥
照片提供：柴田拓郎

　　在野生黏土中，不需要测试所有可能的组合。在选择组合时，每种单独黏土的特性（颜色、质地、可塑性、收缩率、烧结度等）将会提示合适的组合。

颜色	· 如果坯体过于浅，添加红色黏土
	· 如果坯体过于深，添加浅色黏土
质地	· 如果坯体过于细腻，添加较粗的黏土
	· 如果坯体过于粗糙，添加较细的黏土
收缩率	· 如果坯体收缩过大，添加低收缩黏土
	· 如果坯体收缩不足，添加高收缩黏土
烧结度	· 如果坯体在目标温度下未烧结，添加低温黏土
	· 如果坯体在目标温度下过烧，添加高温黏土
可塑性	· 如果坯体塑性不够，添加塑性黏土
	· 如果坯体太黏，添加非塑性黏土

商业黏土可能会被证明是对野生黏土的有益补充

· 添加球土 /2% 的膨润土会增加塑性

· 添加更多的耐火土、球土、熟料、高岭土等会增加烧结度

· 添加陶土会降低烧结度

下面举例说明野生黏土与其他材料混合制作黏土坯体的方法。

混合泥浆

将黏土混合在一起的最好也可能是最简单的方法是"泥浆与泥浆相混合"，也就是将两种已经单独与水混合的材料再次混合。也可以向这些混合物中添加少量干料。混合后需要时间沉淀，去除多余水分，使其达到适于使用的黏稠度。完成这项任务的方法有几种，如使用布、石膏板、素烧陶盆或压滤机。

未加工的"东谷黄"野生黏土在素烧陶盆和石膏托盘上干燥
照片提供：柴田仁美

信乐陶瓷研究所的压滤机
照片提供：柴田仁美

混合湿黏土

很难将两种不同的湿黏土完全混合。在湿黏土中加入细干粉并将其彻底分散也是一项挑战。不过，在湿黏土中加入沙子或熟料等较粗的干料并不难。在处理细干粉状黏土时，务必使用良好的防尘口罩并遵循安全指南。

第二步：调整收缩率、烧结度和坯釉适应性

在获得具有良好可塑性黏土坯体后，第二步是调整烧成范围。

以下例子说明了如何用野生黏土配制实用器的炻器黏土坯体。

用于制作实用器的黏土坯体必须是不透水的。这一用途的炻器黏土的吸水率应在 1%～3% 之间，热膨胀率应使其与釉面相适应。除瓷器坯体外，吸水率低于 1% 通常会导致开裂和膨胀问题。

对于炻器而言，如果吸水率超过 3%，需要调整以降低吸水率。典型的方法是添加长石、滑石或低温黏土以提高玻化度。

1. 添加长石

长石的添加量以 5% 为单位递增，最高可达 20%。在添加过程中应注意观察吸水率的变化情况。长石还可以解决类似釉料剥落的问题。

2. 添加滑石

如果长石不能充分降低吸水率，添加滑石可能会起作用。滑石在炻器坯体中具有很强的助熔作用，因此添加 1%～3% 就足够了。

3. 添加低温黏土

一些黏土的烧结温度低于其他黏土，因此添加这些低温黏土可能有助于提高玻化度并减少吸水率。

4. 添加二氧化硅

任何旨在降低吸水率的调整都可能会影响坯釉适应性。如果釉面出现裂纹，添加 200 目的二氧化硅是很有用的。通常只需添加 2%～10% 的少量二氧化硅就足以防止开裂。但二氧化硅的添加也可能会影响吸水率，因此有必要重新调整长石的添加量。

5. 调整收缩率

典型的干燥收缩率与烧制收缩率因用途而异。

* 适用于拉坯的坯体　　　　　10%～12%

在北卡罗来纳州西格罗夫的柴田柴窑中，以奥顿 10 号锥烧制的试片
照片提供：柴田拓郎

* 适用于泥板和手工捏塑的坯体　　8%～10%
* 适用于大型雕塑的坯体　　　　　5%～8%

添加较粗的材料，如熟料、莫来石和砂，可以减少收缩和变形的问题（表 5-1）。这些材料可以用不同的网目筛选添加粗料的总比例当然很重要，但颗粒大小的分布也会影响可塑性。较粗的网目在减少收缩方面更有效，但也会增加吸水性，并对拉坯、修整和雕刻等工艺产生负面影响。如果黏土的可塑性不够，添加过量的粗料可

能会增加开裂。

瓷器与炻器的坯体有所不同。如果有天然高岭土，就有可能研制出瓷土。典型的例子是用于烧制 10 号锥的瓷器坯体通常是 40% 高岭土、20% 二氧化硅、20% 长石和 10% 塑性黏土。如果有直接可用的可塑性高岭土，那就再好不过了。除此之外，球土也可以作为塑性黏土。必要时，添加少量的增塑剂如白色膨润土可能会有帮助。瓷器的吸水率可以接近 0，但其烧成范围较窄。如果烧制过度，瓷器会熔融，因此必须进行仔细的测试。

表 5-1　制备坯体过程中的潜在问题、原因及改正措施

问题	原因	改正措施
渗水	黏土未充分玻化时会出现渗水	·减缓烧制速度和/或提高烧结温度 ·调整坯体成分配比以增加玻化度
变形	当坯体厚薄不均，或所受压力不均、干湿不均，或过度烧制时，就会出现变形	·重新考虑制作和干燥过程，消除不均匀现象 ·检查吸水率，如果吸水率过低，降低烧制温度 ·调整坯体成分以减少收缩和玻化度
膨胀	当黏土中的物质分解时，气体滞留在坯体内无法排出致使坯体膨胀产生鼓包现象	·降低烧制速度或温度 ·筛选黏土以消除容易分解的较粗颗粒 ·降低素烧的升温速度或提高素烧的烧成温度 ·确保素烧为强氧化气氛，以消除所有有机物和分解气体
干裂	黏土干燥不均匀时会引起干燥裂缝	·降低干燥速度，避免穿堂风 ·检查干燥收缩率。如有必要，调整黏土坯体成分以减少干湿收缩率
惊裂或冷却裂纹——边缘锋利的毛发状裂纹	这些裂缝是由于冷却过快或过烧而引起的	·减缓冷却速度 ·检查吸水率；如果吸收量过低，降低烧结温度，或调整黏土坯体以适应最高烧结温度
烧制裂纹——边缘不均匀的宽裂纹	这些裂缝是由于升温过快而引起的	·降低烧制速度，尤其是在石英转换温度 573℃附近
烧制裂纹——裂缝较宽，釉面边缘锋利	坯体与釉面之间的热膨胀差异会导致器物自行拉裂	·重新配制黏土或釉料配方以调整热膨胀系数 ·在要烧制的器皿内外都施釉，可能会顺应轻微的差异

柴田仁美和柴田拓郎在位于北卡罗来纳州西格罗夫的柴窑
照片提供：柴田拓郎

一只浸以富含铁 / 锰化妆土的小篮子，柴窑烧制。这种化妆土非常适合柴烧、盐 / 苏打烧制，因为烧制气氛中的助溶剂会使化妆土表面形成动态对比
照片提供：马特·利维

第六章

釉料、泥浆和另类做法

马特·利维

在已知的世界范围内，黏土的种类繁多，有些地区比其他地区更适合生产黏土坯体。美国的一些地区，如东南部的板岩带，拥有大量的可塑性高岭土、耐火土和球土矿藏。而美国的其他地区，如明尼苏达州北部和威斯康星州，则拥有苏必利尔湖（Lake Superior）沿岸形成的陶器黏土层，以及该州南部产生高岭土的粉红花岗岩风化矿床。

通常情况下，在路边堤岸或自家后院找到黏土只是一个开始。假如找到的材料达不到制作陶器所需的可塑性要求，或者需要过多的加工处理或黏土的产量很少时，可以将找到的黏土作为商业黏土坯体的表面装饰，这是不影响功能或不需要积累大量材料就可以融入个人风格的好方法。这些装饰效果有助于与作品材料来源地产生关联，在艺术创作与土地之间创建令人兴奋的对话。

泥浆

简单地说，泥浆就是黏土和水的混合物。将未加工的黏土制成泥浆是将材料融入到现有实践中的好方法。由于缺乏可塑性或不希望加入杂质而不适合用于坯体的黏土，可以作为化妆土施予生坯上。这种用法的另一个优势是数量大。如果把一桶当地材料用作泥浆，而不是制成小批量的黏土，就能发挥很大的作用。通常我会用60目筛网筛去黏土中的大颗粒，然后将生坯试片浸入适量的泥浆进行适合性测试，看其是否会在素烧时剥落。如果黏土几乎没有收缩，则可将可塑性好的泥浆施于生坯或素坯上。必须对材料进行测试，寻找可能证明材料潜力的具体结果（表6-1）。

表 6-1　配料混合试验

	助熔剂	黏土
石灰石	30% ~ 40%	60% ~ 70%
霞长石	20% ~ 30%	70% ~ 80%
木灰	20% ~ 50%	50% ~ 80%
白云石	20% ~ 30%	70% ~ 80%
锂辉石	20% ~ 30%	70% ~ 80%

一个简单的表格，说明了测试本地黏土作为潜在釉料的起点

釉料

有位朋友开玩笑地说：陶土就是等待高温烧制的釉料。这话不无道理，因为陶土中含有大量的助熔剂，如铁、钙和锰。黏土在釉料制作中起着重要作用，它提供了坚固釉面所需的氧化铝。黏土还起到了悬浮剂的作用，有助于帮助釉桶中的各种材料和助熔剂保持悬浮状态。富含铁的黏土可以作为青瓷和灰釉的基础成分，只需添加少量其他材料即可形成坚固、实用的釉面。通常情况下，碳酸钙等其他矿物质的存在会使釉面呈现出引人注目的多样性。

在进行釉料测试之前，我会先进行"配料混合试验"，即将黏土与不同的助熔剂，如石灰石（碳酸钙）、草木灰和各种长石混合在一起。即使所需温度低于传统的高温状态（约 1 300 ℃），将熔块和当地黏土进行配

马特·利维《四方形马克杯》表面有等量的黏土 / 蓟灰 / 闪长石（各 33%），这种黏土是蒙大拿高岭土，有助于抑制釉料的融化，也有助于保持釉料的悬浮状态
照片提供：马特·利维

马特·利维《方口杯》
柔和如烤面包般的橙色釉料是西格罗夫当地黏土和霞长石（70%/30%）的简单混合。这个比例是制作当地黏土釉料的一个很好的起点
照片提供：马特·利维

料混合试验也能产生有趣的效果。上页的表格是我用找到的黏土进行配料混合试验的一个简单起点。假设我知道某种黏土二氧化硅含量较高，就可以从霞长石开始找助溶剂，因为这些助熔剂除了钠和钾之外还添加了氧化铝，有助于使釉面更坚固。碳酸钙是一种很好的助熔剂，在历史上中国人和日本人曾用它来制作各种釉料，从天目釉、铁锈红到青瓷，黏土中铁的存在使釉料呈现出绿色和蓝色。碳酸钙（石灰石）和野生黏土的配料混合试验可按 5% ~ 10% 的比例递增。通常情况下，我会先用 30% 的石灰石和 70% 的黏土制作三块试片，然后用 35% 的石灰石和 65% 的黏土混合制作第二块试片，再用 40% 的石灰石和 60% 的黏土混合制作第三块试片。这些都是简单的测试，旨在帮助我了解当地的黏土是否具有作为釉料或泥浆的潜力。

还有更复杂的测试方案，包括与多种助熔剂进行三轴混合。多种助熔剂、氧化物和碳酸盐经常与野生黏土配制，以创造出各种不同的效果。对我而言，一个经典的组合是将一种发现的黏土与草木灰（其中含有钾和钙等氧化物）及长石（含有 10% ~ 15% 的钠 / 钾，具体取决于所使用的长石类型）搭配使用。虽然传统的灰釉配方是草木灰 / 黏土各 50%，但添加长石不仅能带来额外的助熔剂，还提供了氧化铝和二氧化硅，有助于形成更稳定的熔融，并限制了釉的流失。这些测试需要进行三轴混合，三轴混合因三角图而得名，在三角图中，位于一角的每种材料都代表 100%，然后在与相应材料混合时按比例向各个方向递减。

其他艺术家，如澳大利亚陶艺家兼教育家史蒂夫·哈里森博士（Dr.Steve Harrison），撰写了大量关于当地材料测试方法的文章。史蒂夫出版了几本关于加工岩石制作釉料的书籍，其中包括关于球磨的书和关于他利用在澳大利亚东部新南威尔士州的庄园内和周边发现的材料制作岩石釉料的书。对史蒂夫来说，他在周围土地寻找材料，反映了他个人对可持续低碳生活的追求。他制陶使用的材料直接反映了他与周围环境的关系，几乎没有浪费。史蒂夫甚至还在自己的土地上发现了袋鼠遗骸，并将袋鼠骨灰融入到配方中。"不浪费，不匮乏"，这一理念激励着许多对采集当地材料感兴趣的艺术家。

英国艺术家兼作家马修·布莱克利（Matthew Blakely）在他的著作《出土的岩釉》（Rock Glazes Unearthed）中，阐述了他对使用英国当地黏土和岩石的研究。马修的这本著作通过大量测试，深入探讨了如何在釉料制作中使用各种石头。马修说："我的目标是通过制作完全由我自己从各个地方收集的岩石和矿物制成的陶瓷作品，创造另一种对我们生活的这片土地的感受方式。因此，每件作品都将是对该地陶瓷和地质特征的诠释。"

已故的布莱恩·萨瑟兰（Brian Sutherland）的著作

《源于自然的釉料》（*Glazes from Natural Sources*）是一本在英国出版的书籍，其中提到采集当地材料是与周围环境建立关系的一种方式。他的经历与英国密切相关，虽然他的许多观点似乎仅限于特定的材料，但总体的关注点是将当地的岩石融入自己的实践中。在许多与使用本地黏土有关的书籍中，作者都有一个共同的主题，那就是自力更生，提倡以 DIY 的心态来推进自己的艺术实践，创作出独一无二的个性化的艺术作品。

另外两本专注于当地材料采集的书籍是米兰达·弗雷斯特（Miranda Forrest）的《天然釉——釉料的配制与制作方法》（*Natural Glaze*）和已故伟大陶艺家菲尔·罗杰斯（Phil Rogers）的重要著作《灰釉》（*Ash Glazes*）。这两本书鼓励人们探索如何运用草木灰这些充满生命力的材料，去创造出与周遭环境相感应的釉料。

这五位陶艺家和作家在采集和测试当地的岩石、黏土和草木灰方面做了大量工作，我鼓励大家阅读这些优秀的著作。

制作合适的黏土坯体需要数百甚至数千公斤黏土，与之相比，制作泥浆/化妆土和釉料所需的材料量就显得微乎其微。如果资源有限，可以考虑通过做表面装饰来拓展材料的使用。

泥浆封印法　泥浆封印法（Terra Sigillata）最初专指一种罗马浮雕风格的陶器样式，其含义是"带浮雕的黏土"。当这种装饰技法盛行于当代陶艺家工作室时，该术语是指当坯体干湿度处于牛皮状态时，将一种细腻的泥浆施于器皿表面，打磨抛光以密闭器物，通过多层抛光处理后，层层叠叠的变化会形成一个丰富多彩的表面，即使低温烧制作品也具有抗渗性和耐水性。如果你正在尝试使用当地未经加工的野生黏土探索泥浆封印法，那么另一本值得一读的好书是《泥浆封印的当代表现技法》（*Terra Sigillata, Contemporary Techniques*），作者是朗达·威尔斯（Rhonda Willers）。朗达对此技法进行了广

泥浆封印法配方

泥浆封印法的标准配方
水与黏土的比例为 2：1
（按重量计）
并添加 0.5% 的悬浮剂

2 份水
1 份干黏土

泛的研究，并提供了使用这一古老工艺进行当代实践的出色案例。理想情况下，最好使用颗粒较细的黏土，这样泥浆更容易保持悬浮状态。然而，我发现添加大量的悬浮剂可以帮助解决使用本地黏土时遇到的问题。另外，手工碾碎干燥的黏土或使用谷物磨碎机磨出更细的颗粒，也有助于获得更高的泥料产量。如果黏土太粗，上面可抽取的细料就会减少，从而使整个过程耗时过长，最终获得的泥料也会减少。

另类做法

颜料和粉笔

黏土一直以来都是制作粉笔和康泰颜料棒的首选黏合剂，由于黏土固有的可塑性，使得粉笔在干燥硬化后仍能保持形状。而且粉笔不会经过任何形式的加热处理，

黏土中的任何天然颜色和颜料都有更大的机会保持完整，包括紫色、淡紫色和鲜红色。过去我曾多次发现黏土矿脉中蕴藏着各种美丽的颜色，但当我打开窑炉时，却失望地发现鲜艳的紫色黏土已经烧成了暗红色。这些颜色反应大多都是由于黏土中铁和锰的存在及地表下缺氧引起的。一旦这些材料被烧制成陶瓷，铁和锰将与窑内气氛中的氧气发生反应，被氧化成更柔和的色调。我正在寻找使用黏土的其他方法，而不是将黏土变成陶瓷。

对于居住在蒙大拿州的风景和肖像画家 K. 乔迪·吉尔（K. Jodi Gear）而言，使用当地颜料和黏土黏合剂是将周围环境融入艺术实践的绝妙方式。蒙大拿州拥有丰富的赭石、各种形态的铁，以及氧化锰，它们都存在于风化的岩石和黏土矿床中。此外，当地高岭土非常适合作为黏合剂，乔迪在脚下就能找到她需要的一切。颗粒细小的黏土，甚至是膨润土，在潮湿时具有黏性和可塑性，通常只需要一些添加剂，如阿拉伯胶或黄芪胶就能

K. 乔迪·吉尔制作的康泰画棒展示了一系列漂亮的颜色，其中几种是用蒙大拿州发现的当地颜料制作的。这些粉笔十分耐用，可以通过筛选像高岭土这样的当地黏土以去除砂粒和粉粒，然后将这些黏土、颜料或氧化物结合起来以获得更强烈的颜色反应
照片提供：K. 乔迪·吉尔

下页上图：
由 K. 乔迪·吉尔制作的粉末颜料黏土及其相应的康泰粉笔。当你拥有引人注目的淡紫色或深红色黏土并希望保留发现材料的颜色时，这种方式将是一个很好的选择
照片提供：K. 乔迪·吉尔

下页下图：
由凯伦·沃恩（Karen Vaughan）收集的遍布美国西部的土壤颜色
照片提供：凯伦·沃恩

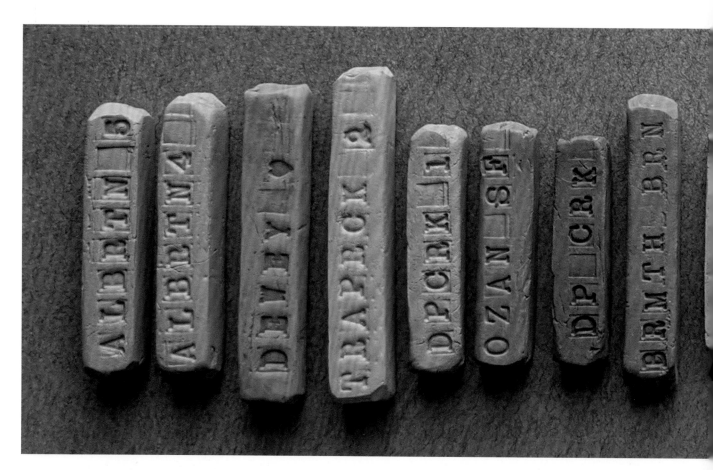

收集的野生黏土制作的粉彩颜色
照片提供：K. 乔迪·吉尔

将材料黏合在一起。也可以将碳酸钙与当地黏土混合，用于制作硬质粉笔。制作粉笔和康泰画棒的过程很简单，甚至可以在厨房里完成，因为所用的大部分材料都是无毒的。还可以添加如亚麻籽油等油类，使质地更加细腻，从而制作出真正的油画棒。互联网上也有很多如何运用各种材料制作粉笔的配方和指导视频制作。康泰画棒是一种将野生黏土融入课堂环境的简单方式，无需将黏土变成陶瓷。

　　另一位使用黏土和颜料的艺术家和教育家是土壤学家兼教育家凯伦·沃恩。凯伦在怀俄明州研究使用黏土制作"土壤颜料"，以此来讲述土壤生态学。用艺术来阐述科学教育并不是什么新鲜事，但随着 STEAM（科学、技术、工程、艺术和数学）概念在教育中的兴起，艺术作为将人与科学联系起来的一种方式被大力推动，越来越多像凯伦这样的人开始将黏土作为叙事的驱动力。除了教学之外，凯伦还用找到的颜料制作基于土壤的生态水彩画。这些创作既美观又有助于促进土壤教育和社区活动的发展。

野生黏土装置

　　目前，有一些实践艺术家正在探索如何使用当地未加工的黏土来创作关于一个地方及周遭环境的叙事。在玛格丽特·布泽尔（Margaret Boozer）的作品中，她试图将观众与城市景观中因城市发展的影响而无法再看到的部分联系起来。

　　她写道："这件作品安装在华盛顿特区（Tiber Creek）东北第 2 街和 M 街交汇处的一个大厅里。台伯河（现在不存在于华盛顿特区了）曾流经该地。构成这件作品的基本材料：拆迁垃圾（弯曲的钢筋和碎砖）、现场红土、新建筑的碎片（喷漆的砾石），以及 1861 年华盛顿地图。这件作品与遗址中不可见的事物有关。"

　　通过这种方式，原材料可以用陶器无法表达的方式

来叙述空间，通过尺度感帮助人们与环境建立联系。与杯子或碗相比，这些类型的作品更能发人深省，运用未加工的黏土来表达有关环境保护和土地使用的构想。越来越多的教育工作者以黏土为载体，通过鼓励个体触摸并与之产生共鸣的材料来教授科学、地理和培养地域感。过去，我曾在一些人的庄园里采集黏土，带回家制作一

《台伯河与其他遗失之物》，2014 年
未加工的黏土、砖瓦碎片、钢筋、砾石、橙色喷漆、钢材。作品尺寸：244 cm × 183 cm × 10 cm
照片提供：玛格丽特·布泽尔

个如马克杯的有形器物，以此来呈现庄园里黏土的内在价值。在许多情况下，这些牧场主和农民已经与他们每天工作的土地有着紧密的联系，而通过一件有形的陶瓷制品来重新诠释这些空间，可以进一步巩固这些联系。由此我坚信，在学校和社区的教育宣传中将野生黏土作为教育载体，与制陶者采集当地黏土自用一样重要。

玛格丽特与当地教育工作者、学者和科学家合作的另一种方式是通过合作团体——城市土壤研究所。她在书中写道："我刚在纽约特洛伊开始一项私人委托，研究当地黏土时，结交了一群令人着迷的人，包括我在纽约城市土壤研究所的同事、一位广播记者、城镇历史学家、美国农业部自然资源保护局和伦斯勒县水土资源保持区的科学家、当地制砖学者、小学教师，以及当地的陶艺家。他们都渴望了解更多关于这种材料的科学和历史，这种材料是他们的工艺基础，一切就在他们脚下。"

在对黏土材料的研究过程中，我探索了黏土之所以成为黏土的特质，即可塑性。黏土的可塑性是指能将物质结合在一起，同时也能被重新塑造和重新连接，使黏土成为一种独特的材料的特质。然而不可避免的是，随着黏土干燥，水分的消失，它会变得脆弱而易碎。在我的硕士论文中，我对这些特性进行了探索。我将重达约113 kg的当地未加工的黏土块悬挂在画廊天花板上。利用湿润黏土的可塑性，将材料压实在钢架的周围，然后将钢架悬挂在上方的混凝土上。湿润时，塑性黏土牢固地粘在一起，但随着时间的推移，它们在钢架周围干燥和收缩，黏土块出现破裂并最终解体。这样做的目的是展示黏土的两面性：在湿润、具有可塑性时坚固结实；在干燥时则变得脆弱易碎。这些野生黏土的表现可能是令人兴奋的、概念性的，但却是推动黏土和陶瓷艺术领域发展，促进对材料性质进一步研究的绝佳范例；也是了解特定媒介通过艺术装置利用其固有特质的很好案例。使用野生黏土最重要的一点是了解材料，并让所使用的黏土的特性指导你的艺术实践。每种黏土都是独特的，就地取材也会有自己的特点。记住，要接受这些特点，让黏土的独特性渗透进你的作品。艺术家与材料之间的这种协作关联会对任何人的作品产生深远的影响。

下页图：
马特·利维《坚实若水》，2019年
装置，位于蒙大拿州。湿润时被塑造的黏土板，干燥后会裂开。该装置旨在展示黏土的两面性——湿润和干燥，以及黏土与水的关系
照片提供：马特·利维

第七章

聚焦艺术家

安妮·梅特·霍特霍伊（Anne Mette Hjortshøj）

丹麦，伦讷（Rønne）

每天早晨，我都会带着狗去散步。走几分钟就能到海滩，双脚真实地踩在纯净的土地上，那是一种烧制后适合作地砖的黏土，非常耐用。从我的陶艺工作室向东数千米，便是丹麦唯一的一个古老的高岭土矿坑。这种未经提炼的高岭土曾经被制成高温砖，像地砖一样出口到世界各地。从这里出发，再骑一小段路，就到了海岸线。一路向南，每走一步就会发现一种新的黏土矿层，每种矿层都有自己的特点和文化历史，它们的来源和用途也各不相同。我们可以找到长石、石英砂、花岗岩和石灰石等。对我而言，尽量使用手边的东西，尽量少用进口材料，尽量少留下足迹，似乎一直都是我的偏好。

多年后，我意识到最初由常识决定的陶瓷之旅，现在已演变成对手中黏土真挚而谦逊的热爱，以及对前辈陶工们的尊重之旅。在与前辈也曾用过的材料打交道时，我感到自己成为了这座岛屿陶瓷史的一部分。当我从一本有 100 年历史的航海日志中了解到有关某种黏土形成的信息，而且发现这些信息现今仍然有效时，我的心头就会涌现出一丝希望，希望这是让技术和工艺得以传承的一种方式。在我完全放弃使用进口袋装黏土之前，还有一段路要走，但我最终一定会达到那个目标。

上页图：
《足底杯》
老瓷砖厂的黏土与当地高岭土混合。化妆土：当地高岭土。釉料：当地长石和草木灰。用于装饰的颜料：当地海滩含铁量高的砂岩
图片提供：安妮·梅特·霍特霍伊

上上页图：
索罗斯·肯（Solace Kame），2020 年炻器柴烧
照片提供：南希·富勒

斑达纳（Bandana）陶器
娜奥米·达格利什（Naomi Dalglish）和
迈克尔·亨特（Michael Hunt）

美国，北卡罗来纳州

作为两位共同制陶的陶艺家，我们始终认为在创作过程中，黏土和窑炉是另一对合作者。不可否认的是，黏土和窑炉都对最终的陶器产生较大的影响。黏土的独特性对于一件容器非常重要，就像不同的谷物对于一块面包一样，因此黏土是陶艺家最初的美学选择。

我们开始使用当地野生黏土，是为了效仿我们欣赏的历史悠久的民间陶器中那种未经雕琢的生机盎然的美感。我们发现，在工作室里用这些黏土是激励我们探索它们独特性的导师，并鼓励我们在限制中不断创新。一种黏土可能太粗砺，无法拉出一件瘦高的陶罐，但雕刻时可能会呈现出最美丽多变的纹理；另一种黏土可能非常细腻，能在制作中表现很多细节。这些限制不但不会让我们感到束缚，反而为我们提供了更多的启发和玩法。

我们主要使用的这种黏土就像一位老朋友，由两种深色且粗糙的当地黏土混合而成。我们一般从用一块实心黏土塑造形状开始创作，陶醉在切割黏土的肌理中，我们喜欢不规则砂石的深色和纹理，在浅色泥浆和釉层下可以显现出丰富的层次。我们被这种创作过程所激励，这种野生黏土的挑战和活力引导着我们的创作实践。

下页图：
《碗》
在含铁量高的坯体上施挂高岭土制成的化妆土
照片提供：娜奥米·达格利什和迈克尔·亨特

下下页图：
刚修整的杯子底部
照片提供：娜奥米·达格利什和迈克尔·亨特

谷仓（Barn）陶器
尼克·柯林斯（Nic Collins）

英国，德文郡，达特摩尔（Dartmoor），摩顿汉普斯特德（Moretonhampstead）

我制陶已经三十多年了，一直靠卖陶养家糊口。这么多年过去了，当我在河岸发现一处新的黏土矿层时，我仍然会感到高兴和激动。抓起一把黏土，感受它的可塑性，我的脑海中就会浮现出制作陶器的画面，想象出它在我的柴窑中产生的美妙色彩。20世纪80年代，我在德比艺术学院（Derby College of Art）学习陶艺课程时开始接触挖泥。当时我们的一个项目是从学校窑场旁边的一条小溪的河滩里挖取黏土。用这些黏土制作容器、制作釉料，并且还要用它建造一座窑炉。当然，我经历了许多失败，也有一些收获。

最重要的是，这颗种子已经播下，为未来的岁月打开了潘多拉魔盒。我住在德文郡的达特摩尔，很幸运能接触到大量不同的黏土，从红色陶土到高温球土再到瓷土。这一地区的黏土开采已有数百年的历史，至今仍然是该地区的重要产业，为许多人提供就业机会。这些黏土被运往世界各地，用于陶瓷工业、化学工业、涂料业还有医药业。即使在每天遛狗的路上，我也会经过一条裸露的高岭土矿层，我常会采集这些高岭土制成化妆土。我一直在寻找柴烧陶艺家梦想中的天然黏土。

上页图：
《细颈瓶》
德文郡球土，柴烧，作品尺寸：高约 30.5 cm
照片提供：尼克·柯林斯

本·欧文三世（Ben Owen Ⅲ）

美国，北卡罗来纳州

自 18 世纪晚期以来，黏土就在欧文家族史中扮演着不可或缺的角色。北卡罗来纳州拥有丰富的优质黏土矿藏，欧文的祖先可以在西格罗夫地表找到陶土，在溪流沿岸和地下矿藏中找到可塑的炻器黏土。这两种不同的黏土在早期美国有着广泛的用途，远在工业革命提供新的容器选择之前。陶土适用于制作储藏干燥物品和烛台等器具，而炻器黏土则具有耐水性、更强的韧性和耐久性，可用于生产高温器皿，供家居储藏和使用。

西格罗夫地区黏土形成过程中产生的副产品有燧石和赤铁矿，以及其他矿物质，经过长时间的柴烧或盐烧，器物表面可以呈现出独特的美感。一些地区的黏土含有天然的云母，历经明火会晕染出桃红和杏黄的色晕。

几代以来，西格罗夫地区的陶工们一直在使用来自奥曼黏土池（Auman Clay Pond）的炻器黏土，这种黏土通常被称为"米歇尔菲尔德黏土（Michfield Clay）"。用这种独特的黏土坯体在制作成器物并烧制后，器物表面会产生多种颜色，这得益于自然沉积在野生黏土中的独特混合材料。与该地区其他野生黏土相比，"米歇尔菲尔德黏土"中的钠含量异常的高，这或许是最显著的区别。一些出色的盐釉表面效果的器物就是用这种黏土制成的。2009 年，我买下了这块地，将其重新纳入家族产业，以确保黏土能持续供应给子孙后代。

下页图：
《柴烧瓶子》
用西格罗夫当地黏土制成
照片提供：本·欧文三世

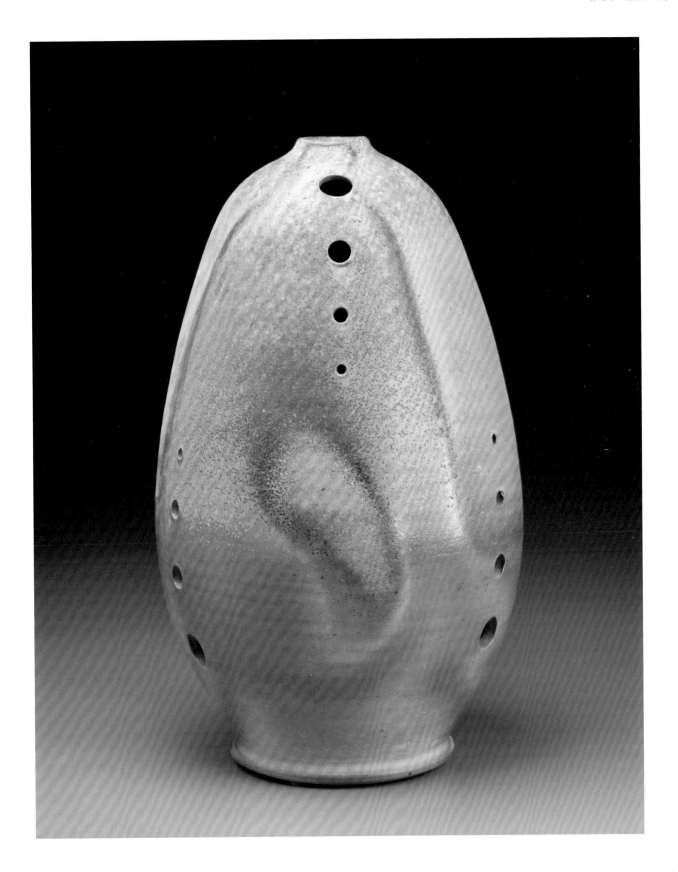

山脊陶器
本·理查森（Ben Richardson）

澳大利亚，塔斯马尼亚（Tasmania）

塔斯马尼亚是澳大利亚位于南大洋的一个岛屿，我出生在这片土地上。岛上的移民在欧洲工业革命的第一波浪潮之后来到这里，制作实用陶瓷器皿和建筑材料。

这里的野生黏土的早期探索是这样开始的，我们不得不反思由此发展起来的工业供应系统。现在，我选择特殊的材料是为了建构工业与自然的对话——在一个地点采集野生黏土时的感受，与商业材料的无地方性和更人造的城市环境的视觉噪音之间。

我的创作继续沿着建构两极之间的对话而进行，不仅在黏土上，在釉料上也是如此。当我行走在自然之中，最易安静，最易沉思。这些也反映在使用野生材料的坯体和釉料上。相反，当工业材料占主导地位时，作品缺失了我所重视的与地方的深度联系。我制作的黏土坯体大多是野生黏土和工业化材料的混合物——一种反映我创作历程的混合体。

我使用的野生黏土大多来自泻湖的管道黏土，我每天都能从家里和工作室看到由无数极细黏土坯构成的被风化的碗，就像潮汐在牡蛎床上留下的线性网格印痕，犹如每一天的时光流转。当然，泻湖管道黏土只是我使用的众多野生黏土之一，漫步于自然中，收集、加工和制作野生黏土，并从中学习，一直是我在这里的重要关注点。

上页图：
一组柴烧容器
照片提供：本·理查森

111

斗牛犬（Bulldog）陶器
布鲁斯·戈尔森（Bruce Gholson）和
萨曼莎·亨内克（Samantha Henneke）

美国，北卡罗来纳州

作为北卡罗来纳州西格罗夫的制陶者，我们接触到了使用当地原材料制作陶器的丰富历史。有些制陶者没有柴窑，喜欢在白色器皿和瓷器上上釉，或者在电窑和气窑中烧制炻器。有时，他们也会运用亲自采集到的原料来区分和提升他们的陶瓷作品。制作斗牛犬陶器时，我们将精力集中在研制野生原材料的泥料和釉料上，开发出易于融入现有作品风格的令人印象深刻的表面肌理。

加工我们自己的原材料能够探索各种颗粒大小不一的黏土如何使器物表面的变化更丰富、肌理更新颖。我们还挖掘将当地野生黏土转换为泥釉料的潜力，如草木灰和仿草木灰配方、志野釉和泥釉的配制。我们寻找当地的矿石、砾石、晶石和花岗岩，并将它们用作我们的釉料和泥浆的添加剂，包括粗颗粒、细粉末。我们最喜欢褐铁矿、锰片岩和深灰色砾石。我们经常将它们筛选成 10 到 40 目之间的粒度，添加到粗糙的厚涂泥浆中，在釉料下形成丰富的熔融黑点。

在加工原料时，我们最喜欢的工具是一套黄金分级筛，可装在一个约 20 L 的桶里。岩石和玻璃破碎机也是必备的工具，大家可以廉价购买或使用焊接技术自造。使用我们能找到的来之不易的野生黏土和矿物，无论是在农村还是城市环境中，都能为陶瓷工艺带来新的兴趣和激情，并以独特的效果提升陶瓷表面。拿起铲子，快乐探寻吧。

下页图：
《椭圆形花瓶》
白色炻器土，在添加了北卡罗来纳州当地野生黏土上，使用粗长石、褐铁矿和锰片岩的聚合物强化泥浆；并涂有一层薄薄的锂辉石釉。采用釉下彩和透明釉装饰。还原气氛，奥顿温锥 09 号
照片提供：布鲁斯·戈尔森

凯瑟琳·怀特（Catherine White）

美国，弗吉尼亚州

材料是我艺术词典中的一个重要词汇。我们通常一年烧制两次穴式窑，每次烧制都是独一无二的。每当我喜欢上一种新的野生黏土，我就会想方设法把它融入其中。马里兰州的斯坦希尔斯（Stancills）砂矿是我获得不同球土的主要来源。含铁的各种不同的颜色——覆盆子色、灰色、白色、奶油色、黄色和红色——及不同的石英砂成为我的必备材料。最近在斯塔陶瓷坊的实验中，我一直在探索这些黏土中的二氧化硅是如何将我的烧制气氛与北卡罗来纳州盐釉烧制的历史联系在一起的。

在大多数情况下，我们在穴式窑中柴烧不使用釉料，但窑室地面的某些部分几乎接不到灰，我就开始尝试在罐子上加灰。这导致在制作阶段将干灰压入湿黏土中。成功后，我开始探索其他材料，如火山岩、长石砂砾、白黏土和各种野生黏土。使用这些材料就像在原生黏土坯体上绘画或印刷一样。我喜欢寻找和使用濒临熔点的材料——类似于釉料，但又不是真正的釉料。因为我喜欢天然本色，所以我也开始尝试在原色状态下使用这些黏土。我使用素烧黏土薄片制作版画和用生坯制作油画，经常以地平线和草地为主题。我一直很欣赏将现成品作为一种艺术元素。收集野生材料进行探索是一种类似的、令人兴奋的艺术尝试。

上页图：
《耕地》
炻器，白色化妆土，斯坦希尔斯红色灰尘印花，柴烧，天然灰釉。
作品尺寸：3 cm×23 cm
照片提供：凯瑟琳·怀特

下页图：
《有肌肉的毛毛虫》
炻器，外部印有北卡罗来纳州米奇菲尔德（Mitchfield）黏土/沙，柴烧，天然灰釉。作品尺寸：23 cm×46 cm×23 cm
照片提供：凯瑟琳·怀特

大卫·斯图姆普洱（David Stuempfle）

美国，北卡罗来纳州

我有幸居住在北卡罗来纳州中部的瀑布线附近，这里以陶瓷资源闻名。位于皮德蒙特山脉（Piedmont）向沿海平原下降的地方，自然资源已被利用了数千年。许多矿藏规模较小，因此没有进行大规模的工业开采。在这里，我们还可以不断发现新的黏土。

我尽量折中处理材料，让它们在展现自然之美的前提下，尽量使它们满足我的需求。有时，我会直接使用野生黏土，有时则混合各种材料来尝试新想法。

使用当地野生黏土是我与周围环境建立联系的一种方式，也是我对当地历史和文化的一种回应，同时我也以一种非常身体化的个人的方式与材料互动。

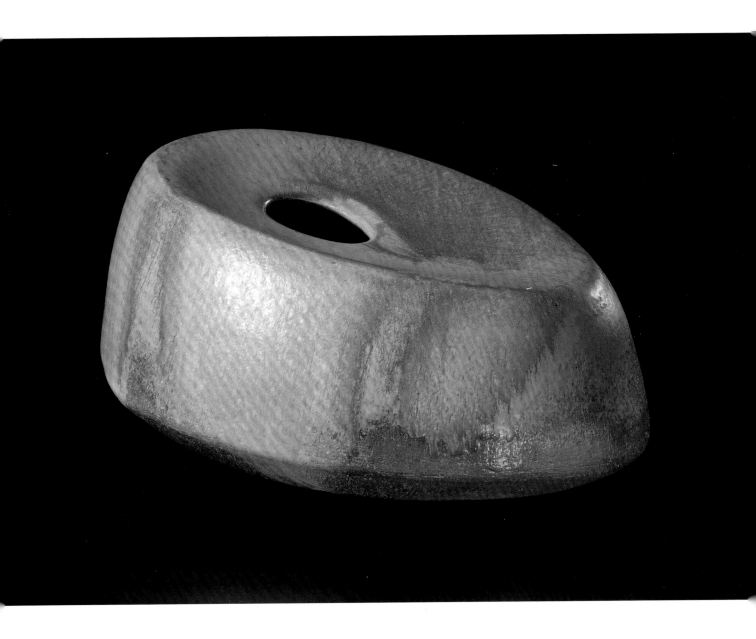

弗朗西斯·森斯卡（Francis Senska）

美国，蒙大拿州

1914年，弗朗西斯·森斯卡出生于非洲喀麦隆，父母都是传教士，她被称为"蒙大拿州的陶艺祖母"。1946年，她帮助蒙大拿州立学院（MSC）创建了艺术系，后来又开设了陶艺课程。作为一名教授，她的任务是为学院创建一个全新的陶艺教室，一切从零开始。这种自力更生的精神通过她的教学延伸到了她的学生身上。她教授陶瓷从黏土到烧制的各个环节，包括当地黏土的挖掘和加工、陶瓷器皿的制作，以及在最后的烧制过程中使用当地的釉料。森斯卡在蒙大拿州立学院的学生包括鲁迪·奥蒂欧（Rudy Autio）和彼得·沃克斯（Peter Voulkos）等国际知名艺术家。在彼得熟练的拉坯技艺和带有功能形式的表面处理中，我们可以清楚地看到森斯卡的影响。

就个人而言，森斯卡不屑于因为她的成就和她在美国陶瓷史上的地位而受到赞誉，当被要求提供艺术家自述时，她只是简单地说："我做陶（I make pots）。"森斯卡获得的众多奖项包括美国国家陶瓷艺术委员会和美国手工艺理事会的荣誉会员资格，以及蒙大拿州州长艺术奖。她从阿奇·布雷基金会（Archie Bray Foundation）成立之初就对其发展产生了影响，并且是蒙大拿艺术学院的创始者之一。她对当地黏土的使用，以及"你所需要的一切都可以自己制作"的信念，对该学院（现为蒙大拿州立大学）其他艺术家的材料研究产生了持久的影响。

上页图：
弗朗西斯在家中工作室准备给炻器上釉
照片提供：弗朗西斯·森斯卡遗产（Estate of Francis Senska）

弗雷德·约翰斯顿（Fred Johnston）

美国，北卡罗来纳州

在北卡罗来纳州的西格罗夫，我住在曾经是远古海洋边缘的瀑布线上。火山灰落入海中，经过数百万年的时间变成了黏土。火山灰转化为黏土所需的时间之长令人难以想象，令我肃然起敬。

使用野生黏土加深了我与自然的联系。挖掘黏土矿藏就像回到地质时代，同时又立足当下。向人类数千年来运用黏土取得的成就致敬！

作为阿尔弗雷德大学（Alfred University）陶瓷专业的学生，我学习了原材料和釉料计算课程。感谢我的老师瓦尔·库欣（Val Cushing），她教会了我大量关于黏土的知识。这些知识让我可以自信地去探索和使用这种非凡的材料，让我有信心去创造生活。并通过经验、结识和结交其他黏土爱好者，特别是泰勒黏土公司（Taylor Clays）的陶瓷工程师史蒂夫·布兰肯贝克，他的知识具有极强的地域性。这是一段令人着迷的人生旅程。

我很幸运，在我居住的北卡罗来纳州惠诺特（Whynot）的土地上有两种黏土，附近还有一股清泉，我曾在那里发现过陶器碎片。

下页图：
《凹凸的陶罐》
野生黏土，灰釉，柴烧
照片提供：弗雷德·约翰斯顿

吉尔伯托·纳西索（Gilberto Narciso）

巴西，库里蒂巴（Curitiba）

我喜欢手工配制黏土和釉料。我受到许多作家的影响，其中最著名的是伯纳德·里奇（Bernard Leach）和 J.F. 奇蒂（J.F. Chiti.）。在我力所能及的范围内，我追求最广泛的陶瓷实践：材料研究、黏土和釉料的配制、小型窑炉建造、拉坯、手工制作、雕塑和课程。我住在巴西南部巴拉那州（Paraná State）库里蒂巴大都会区的乡村地区，并在那里开设了工作室。这是一个靠近海岸的高原，平均海拔约 800 米。这种差异是由天然花岗岩屏障——海滨山脉（Serra do Mar）造成的，海拔高达 1900 米。花岗岩由石英、长石和云母组成，它们的分解作用使黏土、高岭土、硅石和长石等最好的陶瓷原料四处扩散。

可用的铁质黏土颜色种类繁多，有黄色、淡紫色、橙红色、各种红色等。巴拉那州还富含许多其他原材料：孔雀石、磁铁矿、千枚岩、钛铁矿、伟晶岩、火山岩、萤石、正长岩、重晶石、滑石、绢云母等。自从意识到这些材料的独特性后，我决定使用它们来获得独特效果，放弃购买工业化的釉料。牛血釉、青瓷釉和天目釉的釉色可以用磁铁矿（铁）和孔雀石（铜）获得。我在这个地区已经研究了很多年。我使用电窑、气窑和柴窑。工作温度从 1 000 ℃到 1 300 ℃不等。当人们对矿物的化学成分及其组成化学元素的用途有所了解时，就会发现一个可以推广到所有能找到的石头和黏土的世界。我甚至取得了文献中没有的成果，我将其称为"粒子（pellets）"。这些种类繁多的原材料是研究和成果取之不尽、用之不竭的源泉。

上页图：
用巴西当地黏土制成的炻器罐，以磁铁
矿和孔雀石为着色剂制成的牛血釉
照片提供：吉尔伯托·纳西索

下页图：
用巴西当地黏土制作的炻器罐，使用磁
铁矿作为着色剂制作的青瓷釉
照片提供：吉尔伯托·纳西索

郝第欧 · 马布齐（Hideo Mabuchi）

美国，加利福尼亚州

黏土是地壳风化的矿物，它们与地貌有关。当我们用野生黏土制作并烧制陶艺作品时，就会生产一种人造火成岩。我们扮演了一个小"造物主"的角色。野生黏土为地质学、材料学、自然主义和造型艺术提供了一个天然的邂逅场所。作为"人类纪（Anthropocene）初期"的陶艺家，我们怎能不（重新）转向野生黏土呢？

使用野生黏土是古老而又有远见的。我们越来越迫切需要学会像过去一样，作为地球的管理者、伙伴和依赖者生活在地球上。其中的关键就是记住地球的样子、和谐状态的它是什么样子的，以及我们如何才能帮助构建它的有机之美。同时，我们可以惊叹于野生黏土材料的复杂性——作为非牛顿流动流体、耐火强度、微孔、纳米晶体组合而成的产物——并提醒我们，敬畏和创造力是硬币的两面。无论是在桌子上、实验室里、画廊里，还是在特定的场所，野生黏土都能表现出文化与自然、思想与事物之间永恒的联系。

下页的照片展示了一件室外雕塑作品《跟随／像地心引力一样的需求》，它结合了一个类似双耳罐的容器，该容器由在杰拉西驻地艺术家计划（Djerassi Resident Artists Program）场地内的安装地点附近觅得的野生黏土制成。几代艺术家都选择在杰拉西校园的一个特定地点安装艺术品，这里已经成为了一个雕塑林。我的作品是为了表现地心引力、岩石和水。在漫长的岁月中共同作用，形成了小溪，树木随水而生，艺术家们被由此产生的树荫和圣地所吸引。阿门。

下页图：
《跟随／像地心引力一样的需求》，2018 年
杰拉西驻地艺术家项目，户外雕塑装置
图片提供：赫第欧 · 马布齐

约什·科普斯（Josh Copus）

美国，北卡罗来纳州

我的陶艺创作始于黏土。我在陶艺工作室的实践主要是提炼我的生活经验，将其融入到泥土之中。这种做法源于我对创作具有个人特色的作品的兴趣，这些作品表达了我对材料和制作过程的热情。

通过使用从北卡罗来纳州的河底和山坡上挖掘的野生黏土，我的作品获得了与地方的连接，而这些材料是对此重要的影响的重要来源。我制作的每一件作品都包含了我对使用这些材料的回应。每件作品都融入了所使用的黏土的特质和特性，我只是在每件作品中彰显材料固有的美感。

我对使用野生材料的兴趣并不局限于其物理特性，而是延伸到这些材料能为作品带来的无形特质。材料的物理特性并不像我使用它们的经历那样独特，我看重的是在创作过程中让它们多多参与。自己挖掘黏土增加了我与居住地的联系，进一步加深了我与周围社区的关系，为我的作品创造了一个真实的语境。最重要的是，在挖掘黏土时我能感受到劳动的愉悦，我希望这种对材料的热情能够传递到作品之中，使每件作品都能让人感受到我直接从地里挖掘野生黏土时的那份喜悦。

上页图：
《花瓶》
手工制作，北卡罗来纳州当地黏土和化妆土，柴烧
照片提供：约什·科普斯

下页图：
《楔形花瓶》，2021 年
手工制作，北卡罗来纳州当地黏土和化妆土，柴烧
照片提供：约什·科普斯

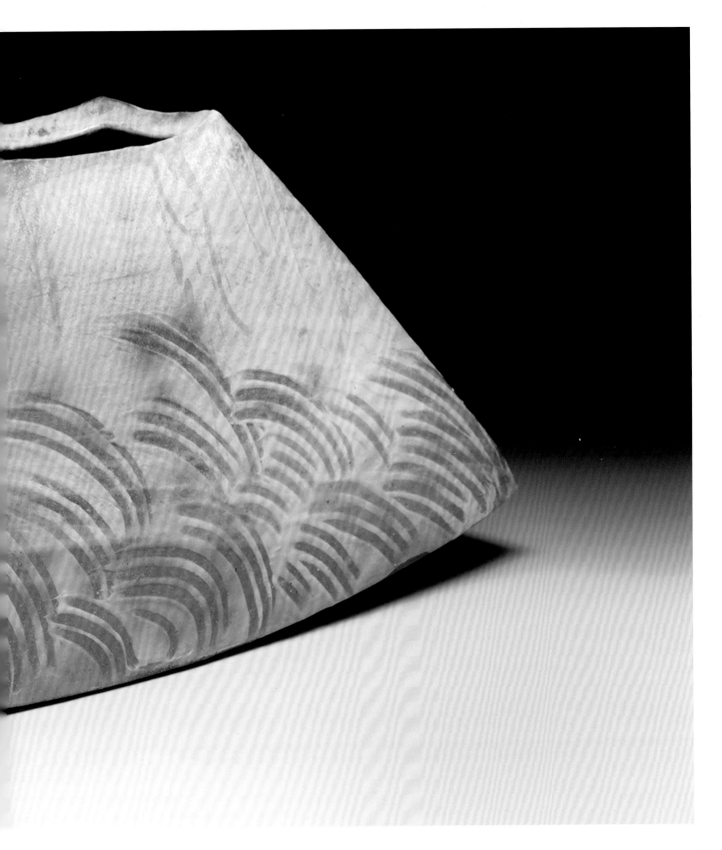

约什 · 德维塞 (Josh Deweese)

美国，蒙大拿州

自从我在居住地附件发现了一种可以制成优秀釉料的闪长岩花岗岩，之后，我开始对采集当地材料产生了浓厚的兴趣。使用一种岩石作为釉料的主要成分所产生的变化既诱人又独特，激发了我的好奇心，并把我带入了一个不断深入的"兔子洞"。采集当地陶瓷材料作为研究课题涉及地质学、化学和世界各地本土文化史等多个研究领域，这个过程堪称研究了一部世界陶瓷史。

古往今来，人们一直致力于利用当地现有的材料来表达认同感。通常情况下，一种美学与一种传统相关联，因为它是在当地的地理条件下制作出来的，而制作过程也是在当地现有材料的基础上发展起来的。现在，我们可以从地球的另一端获取黏土，因为它可能为我们的作品带来独特的品质，这的确是一个奇迹，但也并非没有代价。在这个便利快捷的现代社会，从大地获取材料的智慧已经脱轨，一个地区的美学特征也不再重要。我们的意识与这一层面脱节了。实践当地现有材料可以开启一种新的认同感，帮助你在艺术实践中找到为工作指引新的方向。

下页图：
《拉坯盘》
施以粗粒玄武岩 / 白釉，奥顿温锥 07 号 [1]
照片提供：约什 · 德维塞

---

1 译者注：07 号锥的温度较低，有可能是 7 号。此处尊重原版书，保留"07 号"。

壶镇（Jugtown）陶器

美国，北卡罗来纳州

陶工：弗农·欧文斯（Vernon Owens）、帕梅拉·欧文斯（Pamela Owens）、特拉维斯·欧文斯（Travis Owens）和贝勒·欧文斯（Bayle Owens）

作为世代制陶家族的成员，采集当地黏土是我们制作流程的一部分。整个北卡罗来纳州皮德蒙特的黏土主要是次生黏土。由于该地区的岩层条件，它有许多变种。经过数百万年的岩石风化，这里形成了丰富多样的黏土矿藏。许多黏土矿床虽然按照工业标准来说相对较小，但可以为陶艺家提供绝佳的黏土。这些黏土既有趣又具有挑战性。一个黏土矿可能会提供可靠的黏土，有时会持续数年，然后杂质开始出现，黏土就会突然失效。

凭借多年传承下来的经验，我们已经了解了本地黏土的适用与不适用之处。从这些经验中可以明显看出：黏土是会变化的。黏土是大地的产物，你不能指望几十年都能得到一致的效果。你必须愿意接受细微差别和不同的结果，这正是使用本地黏土的特别之处，也是每件陶器的美妙所在。

在壶镇，我们制作器皿供客户欣赏和使用。我们使用多种黏土，每种黏土坯体都是我们挖掘的黏土制成的。通常，我们在现场备制所有黏土。由于经营规模小，我们尽量减少对黏土的加工处理。我们将本地黏土与少量来自远方的黏土及其他非黏土元素（如长石和叶蜡石）混合在一起，以平衡坯体，从而制作出经久耐用的优质作品。

我们喜欢当地黏土在拉坯转盘上的可塑性，在柴烧还原气氛中烧制出的温暖感，烧制作品的手感及突显泥性的丰富色彩，这些都是我们寻找优质黏土的关键要素。壶镇除了盐釉柴烧，还有大量其他釉料和表面处理方法。我们还使用小批量的本地黏土，不断试验，寻找新的奇妙组合。

上页图：
《壶镇陶器》
花瓶出自特拉维斯·欧文斯之手；壶出自弗农·欧文斯之手；狐狸出自贝勒·欧文斯之手。所有作品均出自土拨鼠窑（Groundhog Kiln）的盐釉柴烧
照片提供：妮娜·萨尔索托·卡西纳（Nina Salsotto Cassina）

K. 乔迪·吉尔（K. Jodi Gear）

美国，蒙大拿州

为了用我采集的颜料制作粉笔和类似康泰棒的油画棒，我在网上搜索配方并开始试验。很快，我就发现，从黏土含量较高的土壤样本中提取的颗粒最细的粉末是制作这些颜料棒的绝佳黏合剂，而无需添加传统的粉彩黏合剂——阿拉伯胶或甲基纤维素。根据每种土壤中黏土的类型和含量，我可以制作出色彩柔和的粉彩和蜡笔状的颜料棒。这些颜料棒可溶于水，因此它们既可以作为水彩画的底稿，也可以像粉笔一样单独使用。

下页图：
用当地材料制成的颜料棒
照片提供：K. 乔迪·吉尔

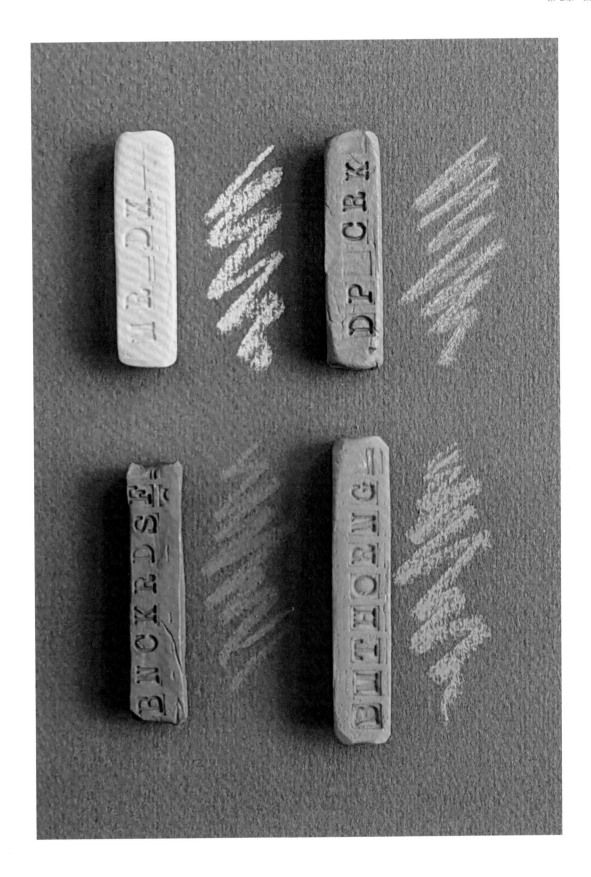

卡伦 L. 沃汉（Karen L. Vaughan）

美国，怀俄明州

你上一次思考土壤是什么时候？也许是在考虑私人花园或盆栽时，或者当你路过广袤的田野，看到正在生长或被耕种的农田时。我们应该做一点不同的事情，抛开你对土壤的所有成见，重新开始。我们可以勾选几个选项，了解土壤抵御气候变化、提供食物和过滤水源的重要作用。感谢土壤。

现在，我呼吁大家换一种视角来审视土壤，真正注意到它们的重要性——仅仅因为它们是土壤。请听我说：当处于一个你喜欢的生态系统时，你会感受到这个地方的特殊气味，看见它的景色。但是，请停下来想一想，如果没有你视野下方——你脚下的土壤，这一切都不可能实现。土壤通常隐藏在视野之外——无论是从字面还是从比喻的层面而言。注意到暴露在河岸或被侵蚀的扇

形冲积上壤需要一双敏锐的眼睛。但在完全不同的层面，我们认为土壤是理所当然的。我们感谢参天大树和开花灌木——这些有魅力的巨型动物在我们中间穿梭，其实我们更应该感谢土壤让这一切成为可能。

通过分享土壤和用土壤进行创作，我能够以完全不同的方式展现土壤之美。通过向他人展示土壤是有生命的、有价值的和令人惊叹的，我们会对这种一直存在于我们身边的关键的自然亲缘物表示赞赏之情。然而，有些地方的土壤面临诸多问题，比如风雨的侵蚀，城市、城镇和道路的掩埋，以及农业环境中的健康问题。通过表达出土壤的颜色，我们能看到土壤，了解土壤，并共同保护土壤。

上页图：
一盘干黏土，上面印有软赤铁矿的穆勒印花，也展示为一幅水彩画
照片提供：卡伦 L. 沃汉

古谷和也（Kazuya Furutani）

日本，信乐

根据不同的创作需求，我用过几种不同的信乐当地黏土。我的许多信乐风格作品都是在穴式窑中未施釉柴烧而成，带有红色火刺和果汁绿釉滴。在制作时，我选择了几种野生黏土，包括非常粗砺的信乐野生黏土、可塑性较强的信乐球土、耐火度较低的浅黄色黏土——黄濑土（Kinose），偶尔也会将一种耐火度较低的信乐白黏土加入坯体之中。我希望只使用一种野生黏土，但有时黏土太粗糙，可塑性不够，烧制后可能会渗水，因此自己配制混合黏土可以更好地避免这些问题。

在最近的野生黏土作品系列中，我开始在表面使用野生黏土泥浆，以获得有趣的肌理。信乐野生黏土的耐火度非常高，很难处理。这些泥浆是我从家乡收集的粗球土和野生红土。作为信乐的制陶者，我一直在思考如何更好地利用这些黏土，因为它们在烧制后不会再变成可用的黏土，而且我们也需要保护环境和生态系统。

我非常感谢父亲古谷道生（Michio Furutani）为我留下了一些非常古老的信乐黏土。他告诉我，只要有好的黏土，即使借钱也要买。但是，他的黏土太贵重了，我不能轻易使用，所以我自己挖了一些黏土，多年来试验了很多次。但就在最近，我开始一点一点地使用他留下的黏土，因为我已经接近父亲去世前的年龄。我也很幸运，在很小的时候就多次协助父亲建窑。当他在撰写《穴式窑：窑炉建造与烧制》（*Anagama：Building Kilns and Firing*）时，我正处于叛逆期，我很不情愿地协助他建窑，但现在我真的很感激，因为我能够看到他的方法，并运用这些经验来建造自己的窑。

我开始考虑制作与信乐风格迥异的容器。我的梦想是在不同的社区或国家、不同的气候、不同的文化和不同的人群中，使用当地的野生黏土和木柴烧制器皿，找到一种可以在陶器中表达自己的方式。

注：古谷道生（1946—2000），著名的信乐陶艺家，他于1994年出版了《穴式窑：窑炉建造与烧制》一书，介绍了他建造信乐穴式窑的经验。

下页图：
《信乐野生黏土罐》
信乐黏土，信乐野生黏土泥浆，未施釉，穴式窑柴烧。作品尺寸：36 cm × 38 cm
照片提供：古谷和也

玛格丽特·布泽尔（Margret Boozer）

美国，马里兰州

在纽约西部就读研究生时，我很想家。看到周围农田的黑土，我突然明白了亚拉巴马州的红土是与家乡共鸣的材料。不久，同学丽莎·奥尔（Lisa Orr）邀请我一起挖掘阿尔弗雷德（Alfred）的灰绿色页岩，我对当地黏土的兴趣由此开始。搬到马里兰州后，我在工作室旁的铁轨边发现了美丽的红土，不久又在附近发现了彩虹般的其他黏土。随后，陶艺家凯瑟琳·怀特（Catherine White）和沃伦·弗雷德里克（Warren Frederick）向我介绍了他们位于弗吉尼亚州沃伦顿的玄武岩矿。艾姆林·斯坦希尔（Emlyn Stancil）又向我们介绍了她家的黏土、砂砾和砾石矿，这改变了我们的生活。

勘探和寻找野生黏土成为我工作的一部分。我注意到环境中的因果关系，采用借取策略，偷偷地将其带回工作室。我从材料入手，发挥它的长处，理解它的想法，使它成为承载故事的纪念品。

这些工作促成了我与土壤科学家的合作，让我可以更深入地探索艺术与科学的相互关系。我与马里兰大学的土壤科学家成了朋友，还爬进了土壤评判坑（马里兰大学，2019年全国冠军）。我加入了纽约市城市土壤研究所，并帮助他们创建了艺术推广服务。我们的目的是营造一个合作空间。在这里，艺术家使土壤科学更易于理解和引人注目，土壤科学家也为艺术提供了有关影响生态的基础材料。

我们的艺术家、科学家、社区园艺家、理论家、景观建筑师和活动家队伍不断壮大，他们对土壤和美同样充满热情。我正在学习很多关于材料科学的知识，以及艺术品的视觉吸引力与材料的物理接触如何能够促进人与人之间的关系发展，并学习土壤和土地的组织工作。

上页图：
《黄金银行》（夯土系列），2012年
金色和红色马里兰（斯坦希尔）黏土，钢材。作品尺寸：152 cm ×91 cm ×5 cm
照片提供：玛格丽特·布泽尔

马克·休伊特（Mark Hewitt）

美国，北卡罗来纳州

以前，由于黏土过重，无法长途运输，所以制陶者们都搬到有优质黏土的地方。独特的地域陶器传统是根据特定的黏土形成的，陶器是一个地方的象征，而美学则是由黏土决定的。

虽然我也使用各种商业矿物、窑具、数字高温计等，但野生黏土是我创作的核心，我搬到北卡罗来纳州皮德蒙特就是为了接近当地的黏土。我很享受寻找一系列当地黏土混合配制坯体的过程。就像朝圣一样，我会把小块黏土掰开来评估它们的裂隙，品尝小块黏土的味道，让唾液和泥浆在牙齿上摩擦，看看每种黏土是沙质或泥质。我感到自己与所使用的黏土之间有着密切的联系，因此，拉坯时，黏土从我的手指缝中穿过，我仿佛与初始的地质力融为一体。

野生黏土有一种神奇的粘滑感，可以帮助我制作陶罐。我的坯体好像是有生命的。

我的实践也将我与这个地方的制陶者联系在一起，是他们将这些黏土催生出了辉煌。我向他们的与众不同的劳动和才华致敬。我还要感谢迈克尔·卡杜（Michael Cardew）和斯文德·拜尔（Svend Bayer）对我的直接影响，是他们帮助我理解这些事情。

不能想当然地使用野生黏土、野生釉料（主要是当地的花岗岩）和野生柴木烧窑，这样很难烧制出优质陶器，但对我来说，认真思考、费力探索，是必要的基础。当一切如愿以偿时，即使野外烧制具有不可预测的危险性，也可以接受了。陶器中神秘的生命之光让这一切都值得。

下页图：
《两个花瓶》
由北卡罗来纳州野生黏土混合制成。用当地花岗岩"索尔兹伯里粉红（Salisbury Pink）"上釉。柴烧盐釉
作品尺寸：矮 15 cm × 20 cm；高 15 cm × 25.4 cm

下下页图：
《平板盘》
由北卡罗来纳州野生黏土混合制成

南希·富勒（Nancy Fuller）

英国，阿伯丁郡

"当我来到信乐，看着白茫茫的大地，绿色的红松林，我突然很自然地想象到，如果这里发生一场森林大火，那么，一定会创造出一个巨大的流淌着灰釉的信乐陶罐。"——小林秀雄给《信乐大罐》拟的序文，东京中日新闻出版社，1965年

我跟随信乐穴窑大师铃木茂至学习，从他家的黏土山坡上开始了解到黏土，这是我学习陶器和窑炉设计的起点。"原土"或"野生黏土"与"柴烧"是同义词——两者相辅相成——这也是为什么每个地区都有自己的烧制方式和窑炉类型。实际上，我们收获的黏土本来是用来制作釉料的，但我对它非常着迷，想用它制作坯体。这种对原材料本身的热爱让我开始欣赏每一种黏土之美。

日本人称之为"土的风味（Clay flavor）"，黏土、烧制气氛、窑炉设计和烧制温度的结合赋予了陶器独特的表现力。正是这种野性造就了每件陶器的独特性，它就像是直接从大自然中生成的东西，从而让我们与地球上的某个时空有了切实的联系。

虽然在苏格兰不可能有如此的机会接触到野生黏土，但这种对黏土的思考方式是我创作的核心。我尽可能使用买来的未经加工的炻器黏土生料，从附近溪流中采集的当地低温黏土作为泥釉。使用野生黏土是我进入柴烧领域的必经之路，它将继续影响我各个层面的创作实践。

上页图：
《有凹槽的茶碗》
凹槽中的化妆土已玻化
照片提供：南希·富勒

陶器庄园（Potters Croft）
蒂姆和塔米·霍姆斯（Tim&Tammy Holmes）

澳大利亚，塔斯马尼亚

我家附近的威尔士埃文尼陶器厂（Ewenny Pottery）始建于 1610 年。在 20 世纪 50 年代的一次游学中，8 岁的我得以拜访埃文尼（Ewenny），当时他们在制作陶罐和加工当地挖掘的黏土。受到这次游学的启发，我到附近的河堤上挖了一些黏土，在花园里加工后制作了一些陶罐，并用厨房里的燃煤慢火炉烧制。

1974 年，当我还是伦敦哈罗艺术学院（Harrow School of Art）陶瓷专业的学生时，在法国工作的格温·汉森（Gwynn Hansen）来上了一小段课。后来她邀请我去澳大利亚做她的实习生，她打算在那里建立一个新的陶艺馆。在塔斯马尼亚霍巴特（Hobart）跟随格温见习的一整年里，我都在研究和测试当地的材料，尤其是黏土。第二年，莱斯·布莱克伯勒（Les Blakeborough）聘请我担任霍巴特艺术学院（Hobart School of Art）的工作室技师，用我们找到的材料加工配制的新的黏土坯体。

因此，当我开始制作自己的柴烧陶器时，我自然而然地使用同样的野生黏土，我不知道会有什么不同效果。我没有艺术学校里的设备，所以只能即兴发挥。我先用大锤锤碎干黏土，再用脚踩碎，又用花园里的耙子当搅拌器，在约 200 L 的桶里浸泡。然后，用自制的振动筛筛出泥浆，再倒入木柴烧制的干燥台上使其变硬。在没有搅拌机的情况下，所有用于制作陶器的黏土都是我手工磨碎并螺旋揉合的。迈克尔·卡杜曾经说过，一位制陶者每天早上需要揉合 100 kg 的黏土。他的话就像我的口头禅。令人惊讶的是，尽管我现在有了一台真空揉泥机，但我还是宁愿用手揉泥。

下页图：
蒂姆·霍姆斯制作的天然灰釉柴烧罐
照片提供：蒂姆·霍姆斯

隐崎隆一（Ryuichi Kakurezaki）

日本，备前市

备前烧是一种未施釉的玻璃质炻器，出自日本历史悠久的六大古窑之一的备前窑。

考虑到备前烧的传统与未来，以及作为备前烧主要黏土的"田土"（稻田黏土）日益减少的现状，我采用了一种我称之为"混杂（mixture）"的技术来制备备前器的坯体黏土。"混杂"的意思是"混合物"，意味着有意使用含有沙子、岩石和其他杂质的生黏土。

生黏土没有经过研磨也没有去除杂质的过程，我只是直接地让生黏土吸水，然后用这种材料制成厚泥板。这种黏土无法泥条成型或拉坯，甚至不能人工揉练。

烧制是在穴式窑中进行的，可以使用松木作为燃料。需要预热长达两周的时间才能达到约1 250℃的温度。

有时，我会有意加入"坏"黏土，希望在探索未施釉玻璃质炻器的可能性时能有新的表达。

这是我向大地表达感激之情的方式，同时也是一种回报。

上页图：
《黏土盒子》，2016 年
备前土，穴式窑烧制。作品尺寸：19.5 cm × 19.7 cm × 30.5 cm
照片提供：隐崎隆一

珊迪·洛克伍德（Sandy Lockwood）

澳大利亚，新南威尔士州

由于我使用柴烧和盐釉，黏土便构成了我创作的基础。我的制作工艺以一种非常强烈的方式暴露了黏土的特质。盐釉不会隐藏任何东西，因此可以说是"无处可藏"。

我认为我的创作是从选择和处理黏土开始的。

我自己制备坯体。这些坯体并不全是野生黏土，但野生黏土是坯体的重要成分。

窑炉对我的作品效果也有很大的影响。选择合适的窑炉与我使用的黏土特性相匹配，产生我所追求的效果。柴窑的不可预知性，进一步被野生黏土内杂质的不可预知性放大。正是这种不可预测性吸引着我。在我的创作实践中，我试图让黏土言说。使用野生黏土已成为我美学语汇的重要组成部分。

我常用的野生黏土包括几种当地黏土及从我家蚂蚁窝里收集的小石头等。我在制备坯体及制作作品的过程中，都会用到这些材料和其他类似材料。

我制作的许多作品都使用了野生黏土，每件作品都是独一无二的。不可预知的材料和不可预知的烧制之间的相互作用产生了事先无法想象的结果。这些结果为我的创作发展提供了养分，让我不断尝试，并激发我去思考："如果……会怎么样？"

这就是为什么使用野生黏土和其他野生材料已成为我创作实践的重要因素。

下页图：
柴烧盐釉瓷器
照片提供：珊迪·洛克伍德

史蒂夫 · 哈里森（Steve Harrison）

澳大利亚，新南威尔士州

我尽可能以可持续的方式生活，我们的大部分食物都是自己种植的，而且只使用当地收集的材料。

我清洗风化的火山岩砾石，以提取表面可能风化的微小黏土状物质。经过多次清洗并过滤掉砂砾后，我得到了一盆看起来像奶茶的东西。再静置沉淀，可以把上面的水倒掉，从底部收集几厘米厚的泥浆。泥浆变硬后在阴凉处放置一两年，就几乎可以用来拉坯制作简单的碗。

用于柴烧的窑炉，是用我们自己手工制作的耐火砖砌成，耐火砖由当地的铝矾土制成。这种火山岩沉淀物含有 20% 的氧化铁，烧成后呈可爱的哑黑色，与我们的木灰和瓷石乳白釉很相配。我还在当地发现了一种坚硬的细晶石矿藏，将其碾碎并用球磨机磨成细滑的泥浆，经过几年的陈化，最终可以烧制成精美的瓷器。我不敢相信这是真的。事实证明，这种经过粉碎和研磨的当地硬瓷石经过十年的精心陈化，可以发展成几乎可塑的黏土坯体！我花了大半辈子的时间才发现这一点！

不幸的是，2019 年 12 月的一场灾难性丛林大火，烧毁了我的陶器、窑棚、窑厂、柴棚和多吨劈好的木柴，但我最大的损失是几吨陈年瓷石黏土。

上页图：
火山岩黑色坯体，上木灰和瓷石亮光"蛋白"釉
照片提供：史蒂夫 · 哈里森

冲积层工作室（Stadio Alluvium）
米奇・伊伯格（Mitch Iburg）和佐埃・鲍威尔（Zoë Powell）
美国，明尼苏达州

我们建立冲积层工作室的目的是研究明尼苏达州独特的黏土和矿物资源，并与世界各地的其他制作者分享我们对天然材料的热情。

冲积层指的是河流和溪流迁移的沉积物。我们之所以选择这个名字，是因为它与我们的实践息息相关。利用地理地图和文献，我们走遍美国全州各地寻找各种黏土、石料和矿物，并将它们带回工作室备用。

以这种方式寻找和收集材料是一个费力但有意义的过程，它丰富了我们的生活。它让我们能够直接参与到周围环境和塑造它们的过程中，探索陶艺家更为可持续的实践方案，并追求工业化提纯材料无法实现的独特表达。最终，这项工作让作品的每一个细节都变得至关重要。

虽然我们使用同一种材料，但我们对其特性的反应却往往大相径庭。通过混合黏土和增减骨料，我们各自都将自己的坯体个性化，这是我们作品的基础。这些独特的配方为我们提供了探索与我们各自感兴趣的地质历史和生物发展相关的各种想法的空间。

下页图：
米奇・伊伯格和佐埃・鲍威尔的作品在他们的画廊展出
照片提供：米奇・伊伯格和佐埃・鲍威尔

慢悠悠的黏土（Unurgent Argilla）
尼娜·萨尔索托·卡西纳（Nina Salsotto Cassina）

意大利，米兰

"慢悠悠的黏土"是一张关于材料、颜色和肌理的"词汇表"，是我对周围事物的视觉和物理研究。对我而言，球状容器犹如画布，黏土犹如画笔，可以慢悠悠地在空间中叙述着时间的故事。研究、挖掘、测试和用拉坯机制作野生黏土有助于我与一个地方建立联系。我起初在伦敦采集黏土，最近搬到了意大利，主要使用米兰附近的野生黏土和意大利火山岛上的岩石。

我对每种材料进行少量挖掘，手工加工黏土，并尽可能充分使用挖掘到的黏土。在城市里的工作室不适合大量储存和加工，因此我没有完全更换商用材料，但我尝试制作一些器皿，在这些器皿中，商业黏土只是展示野生黏土的一种方式。我还会使用岩石，主要将火山岩、浮石和流纹岩作为熟料和釉料，或在表面撒粉用来突显造型。

我对野生黏土几乎不进行加工、提炼，无论是在烧制过程中表面析出的可溶性盐分、有机物和矿物杂质，还是不均匀的肌理，保留那些看似不完美的东西，以尊重材料的真实面貌。

我试着根据每种不同的黏土调整我的拉坯方法。最近，我还开始用捏塑的方法来制作那些可塑性不够，不适合拉坯的黏土。我试图将科学方法的严谨性与不同材料和环境的适应性结合起来。

上页图：
白色炻器上的斯特龙博利火山岩，拉坯成型，在 1 250 ℃的氧化气氛中多次烧成
照片提供：妮娜·卡西纳

约兰达·罗林斯

美国，新墨西哥州

含有云母的黏土是一种独特的天然原生黏土，产于新墨西哥州北部。作为一种建筑材料，它具有卓越的强度和迷人的美感，7个多世纪以来，吉卡里拉（Jicarilla）的阿帕切人（Jicarilla Apache）、一些普韦布洛（Pueblo）部落、西班牙裔社区，以及桑格利亚社区（Sangre de Cristo）的移民一直用它来制作烹饪器皿。

我非常荣幸地从我的老师和朋友费利佩·奥尔特加（Felipe Ortega）那里学到了云母土陶器制作的传统和工艺，以及它在土著宇宙观中的地位。费利佩因复兴了新墨西哥州的云母土炊具制作工艺而广受赞誉。他教导了我，我将继承他的遗志，制作烹饪器皿，并与所有尊重这种工艺传统的人分享这些器皿的制作过程。

云母土器的诞生源于对大地母亲的感恩和祈祷，感谢她允许我们从她的腹中挖掘黏土。当人们制作一个器皿时，是在与大地母亲共同创造，是在孕育她的陶器孩子们的过程中完成的。承担着一个令人敬畏的责任。

我以正宗的传统方式制作每件云母土器——只使用手工采集的有机野生云母土。对于制作过程中的每一步，我都充满了感恩之情，所有的严肃仪式和对大地母亲的敬畏都是理所当然的。

经过泥条盘筑、刮削、打磨和抛光等制作过程，就可以烧制罐子了。在明火和黄松树皮中烧制后，每件云母土器都具有独特的个性和特殊的印记，就像每个有情众生大成人一样。

下页图：
用新墨西哥州的云母土制作的传统豆罐
照片提供：约兰达·罗林斯

164

参 考 文 献

Blakely, Matthew, *Rock Glazes Unearthed*, Self-published, 2021

Bloomfield, Linda, *Colour in Glazes*, A&C Black, 2012

Blumer, Thomas John, *Catawba Indian Pottery*, University of Alabama Press, 2004

Cort, Louise Alison, *Shigaraki Potters' Valley*, Kodansha International, 1979

Cushing, Val M., *Cushing's Handbook*, Alfred University, 1994

Furutani, Michio, The *Anagama Book*, Rikogakusha, 1994

Hamer, Frank and Janet, *The Potter's Dictionary of Materials and Techniques*, Sixth Edition, University of Pennsylvania Press, 2015

Harrison, Steve, *Rock Glazes, Geology and Mineral Processing for Potters*, Hot and Sticky Press, 2003

Harrison, Steve, *5 Stones: A Ceramic Journey*, Hot and Sticky Press, 2019

Holden, Andrew, *The Self-Reliant Potter*, Simon & Schuster, 1984

Hutchinson Cuff, Yvonne, *Ceramic Technology for Potters and Sculptors*, University of Pennsylvania Press, 1996

Lawrence, W.G., and West, R.R., *Ceramic Science for the Potter*, Second Edition, Gentle Breeze Publishing, 2001

Mason, Ralph, *Native Clays and Glazes for North American Potters*, Timber Press, 1981

Rhodes, Daniel, *Clay and Glazes for the Potter*, Krause Publications, 1957

Rogers, Phil, *Ash Glazes*, A&C Black, 2003

Shigaraki Ceramic Cultural Park, *Great Shigaraki Exhibition, 21st Century Lakeland Shiga Project: Celebration of Shigaraki Ceramic Cultural Parks 10th Anniversary*, 2001

Shigaraki Ceramic Cultural Park, *Miraculous Clay – Three Ceramic Landscapes Showcasing Shigaraki Ware*, 2020

Sutherland, Brian, *Glazes from Natural Sources*, A&C Black, 2005

Welch, Matthew, *Body of Clay, Soul of Fire: Richard Bresnahan and the Saint John's Pottery*, AHSP, 2001

Willers, Rhonda, *Terra Sigillata: Contemporary Techniques*, American Ceramic Society, 2019

Yoichi, Shiraki, *Industrial Ceramics*, Gihodo Publishing

术　语　表

酸（Acid）——酸是一种能释放质子（原子中心的正电荷）的化合物。对于制陶者而言，酸溶液用于泥浆和釉浆，酸性化合物用于坯体和釉料，酸性气体则在烧制过程中释放出来。二氧化硅是制陶者最常用的酸。

氧化铝（Alumina Oxide）——氧化铝对陶瓷的重要性仅次于二氧化硅，氧化铝与二氧化硅结合在黏土晶体中，正是这种结合使晶体扁平，从而赋予黏土可塑性。氧化铝通常通过长石和高岭土进入黏土坯体。

碱（Alkali）——与酸相反。制陶者将釉料和坯体的助熔剂称为碱。碱是一种非着色金属氧化物，遇热与酸反应生成硅酸盐（玻璃）。锂、钠和钾是元素周期表第一列中的金属，可溶于水，在制作玻璃质黏土坯体时用作助熔剂。

球土（Ball Clay）——球土通常被认为是含有杂质的高岭土，高岭石矿物的比例很高，但也含有云母形式的游离二氧化硅和钾、钠、钙、镁等氧化物。这些杂质会降低玻化能力。球土具有很高的可塑性，可以作为商业黏土坯体的基础，添加到黏土原料中以增加可塑性，或添加到泥浆和釉料中以助材料保持悬浮状态。

球磨机（Ball Mill）——一种用于加工矿物和其他材料的研磨机。在一个密封的瓷罐中，装有水和由氧化铝球或其他致密坚硬物质（如玛瑙或石英）制成的研磨介质。球磨机旋转的速度使得介质不断地落在材料上，而水则起到分散颗粒的作用。

膨润土（Bentonite）——用于黏土坯体中作为增塑剂的可塑性火山黏土。潮湿时会大量膨胀，因此收缩率很高，仅适于微量加入坯体中，通常约为容量的 2%。

黑云母（Biotite Mica）——与黏土、蒙脱石和长石有关的一系列铝硅酸盐的组名，它作为杂质存在于这个系列之中。云母存在于酸性和中性岩石中，是它们与黏土、长石和石英一起分解的产物之一。在黏土坯体中加入云母可以减缓坯体的玻化速度。

黑心（Black Core）——某些烧成体的横截面中心出现的深灰色。它是由局部还原引起的，当坯体内部的碳尚未被充分烧尽时就会出现。所有黏土中都含有一些含碳物质，尤其是加工程度较低的野生黏土。

起泡（Bloating）——坯体因滞留气体而产生不必要的起泡。这种缺陷发生在黏土坯体和炻器的夹层，以及在施浆器皿的泥浆与坯体之间。在烧制过程中，许多气体会从黏土坯体中释放出来，大部分气体会从孔隙中排出，必要时还会从熔化的釉面排出。在使用未加工的野生黏土时，起泡是一个大问题。有机物天然存在于采集的黏土中，在素烧阶段需要时间将其燃烧殆尽。如果在开始玻化之前没有将碳从黏土中释放出来，这些气体就会被滞留，从而导致其他缺陷。见黑心。

煅烧（Calcine）——一个通过热作用净化材料的过程。这一术语通常用于描述烧制高岭土、球土、岩石和矿物等材料，以削弱其物理强度，使其更容易用手捣碎。就黏土而言，煅烧到约 700 ℃就可去除化学结构水，并最终去除材料的可塑性。煅烧通常是为了用于泥浆和釉料，在这种情况下，制陶者希望黏土具有铝硅酸盐的特质，但又需要降低可塑性，以便在素坯上使用泥浆时更加合适。大多数制陶者使用简单的直壁素烧碗，装入黏土干粉，在传统的高温素烧中与其他作品一起烧制。

碳酸钙（Calcium Carbonate）——石灰的碳酸盐。碳酸钙（$CaCO_3$）是一种稳定且不溶于水的钙化合物，用于在坯体和釉料中加入氧化钙（CaO）。

黏土（Clay）——铝的水合硅酸盐。一种重而潮湿的可塑性材料，干燥后会凝固，受热后可变成坚硬的防水材料。高岭土是黏土的理想化身，其特点是化学纯度高，然而这里所谓的"黏土"，是指制作每件容器的基础。这是两个不同的概念。实际上，制陶者的黏土是为了功能和可塑性而经过均质化处理的混合材料，而高岭土则是理论上最纯净的形态。

胶质黏土（Colloidal Clay）——通常指因颗粒细小而具有高可塑性的黏土。所有物质的颗粒表面都有相同的主导电荷。因此，如果这些颗粒分散在液体中，就会相互排斥。球土和其他粒度较细的黏土（如膨润土）具有胶体性质，使用时，尤其是用量达到 30% 或以上时，有助于使其他材料保持悬浮状态。

裂纹（Crazing）——一种釉面缺陷。坯体和釉面的膨胀率和收缩率不同，在窑炉中首次烧制后冷却过程中釉面出现裂纹和断裂。这主要是由于釉料的收缩率高于黏土坯体的收缩率。就陶器而言，这种缺陷会使陶器无法盛装液体，但对于真正的炻器和玻化瓷而言，吸水率极低，釉料呈现出一种洁净而光滑的表面。裂纹通常可以通过调整釉料配方来修复。

方石英（Cristobalite）——即硅石，又名二氧化硅。二氧化硅（SiO_2）是硅石的初晶相之一，对制陶者非常重要。其他三种是石英、磷石英、石英玻璃。

解凝剂（Deflocculation）——它可以分散泥浆中细小的黏土颗粒，使泥浆变得更加流动。用于注浆成型的泥浆经过悬浮处理后，密度较高，这意味着泥浆中黏土的比例较高，又能保持足够的流动性以便浇注。解凝剂是通过在水混合物中添加可溶性碱来实现的。

惊裂（Dunting）——在烧制冷却过程中形成的应力导致容器开裂，由此产生的裂缝被称为惊裂。惊裂产生的主要原因是在约 573 ℃ 和 226 ℃ 温度下发生的两次石英转变。在没有石英逆转作用的情况下，坯体和釉面的收缩率不同也会造成应力导致裂痕。

陶器（Earthenware）——所有制陶最简单的分类是陶器、炻器和瓷器。区分的主要标准是器面的孔隙率，如果孔隙率超过 5%，则被视为陶器。陶器的种类包括乐烧粗陶、泥釉陶、马约卡陶器、锡釉彩陶、奶油色陶器、低温骨瓷、软质瓷和红色炻器。

泻盐（Epsom Salts）——在黏土配方中加入少量泻盐以增加可塑性。先将泻盐与温水调配，然后加入到水合黏土中混合，以确保均匀分散。配制比例取决于材料及其颗粒大小和最终的可塑性要求。如果添加过多，坯体会膨胀并容易吸碳。最好添加可塑性高的黏土以提高可操作性，最后再依靠泻盐进行更精细的调整。

长石（Feldspar）——长石是一组矿物，在黏土坯体中用作助熔剂的比例最高可达 25%，在釉料中最高可达 100%。长石含有碱及二氧化硅和氧化铝，因此是天然的熔块或釉料。它们的主要用途是引入碱性物质，比如具有适度不溶性的钠和钾，这两种类型通常被称为钾长石和钠长石。

长石质矿物（Feldspathoids）——它们不是真正的长石，是不符合单一分子式的矿物组群。长石质矿物是具有各种碱性氧化物的氧化铝硅酸盐。两个常见的例子是尼泊尔正长岩（Nepheline Syenite）和康沃尔石（Cornwall Stone）。

耐火土（Fireclays）——一种与 2.8 亿年前石炭纪有关的黏土。耐火土分为两类：岩质耐火土和底层黏土。底层黏土是那个时期煤林的基础，通常会在紧靠煤层的地方被发现。岩质耐火土必须经过粉碎和碾磨才能使用，而底层耐火土通常柔软潮湿，开采后即可使用。从特征上看，大多数耐火土都含有较高的氧化铝，但也可能含有其他杂质，如游离石英、黄铁矿和碳酸钙。这些物质的存在意味着用耐火土制成的黏土必须经过缓慢素烧，以烧掉所有有机物和其他杂质。传统的方式是将耐火土用于增加黏土坯体的耐火强度。

燧石（Flint）——隐晶质原生二氧化硅（SiO_2）。燧石几乎是纯粹的二氧化硅，碳酸钙含量低于5%。燧石产自石灰岩中的燧石结节，通常经过煅烧后，研磨成细粉。在过去，燧石是二氧化硅的主要来源，但现在，酸洗粉碎的花岗岩泥浆是获取纯二氧化硅的常用方法。燧石作为非可塑性材料被添加到黏土坯体中，以提高耐火度、增白和抗腐蚀性。燧石和其他来源的二氧化硅一样，是导致肺部疾病的主要原因。

助熔剂（Flux）——一种通过与其他氧化物相互作用而促进陶瓷熔化的氧化物。通常被称为助熔剂的氧化物都是碱性的，因为它们与形成玻璃的二氧化硅相互作用。

坯釉适应性（Glaze Fit）——陶瓷坯体与釉面之间的关系。两者在窑炉烧制过程中结合在一起，彼此协调一致地膨胀和收缩，当不一致时产生裂纹和脱釉等缺陷。坯釉之间不可能完全吻合，因此存在一定的余地，大多数坯釉适应性都可以通过调整釉料来解决。如果釉性太差也可以调整坯体配方，去除少量的二氧化硅、砂和熟料，直到缺陷消退。

重黏土（Gault）——白垩纪沉积岩系的一种真正的泥灰岩。其细粒中碳酸钙含量高达30%。由于含有碳酸钙，重黏土适用于陶器温度，也可在约1250℃以上的焙烧过程中用作泥釉。

生坯（Greenware）——已完成制作周期，但尚未充分干燥，预备烧制的器皿。通常在这一阶段可以施挂泥釉一次烧成。

熟料（Grog）——添加到黏土中的研磨烧成体，以提高烧结度，通常作为耐火材料。熟料除了提供触觉和视觉上的质感，也在拉坯和成型过程中提供了更好的控制力。尤其是在制作大型作品时，它就像是大型演唱会的"热场嘉宾"，因为它已经被烧制过，有助于黏土更均匀地干燥。

石英转变[Inversion（Quartz）]——石英在约573℃时，其结晶结构会发生从高温型α-石英到低温型β-石英的逆变现象。如果这种变化发生得太快，就会导致陶瓷器皿开裂。这就是为什么在开始烧制时必须缓慢加热陶瓷，随后以缓慢的速度冷却作品，避免在某些时段（每小时50℃）暴露在快速冷却中。如果陶瓷器皿冷却过快，特别是在游离二氧化硅含量已经很高的情况下，就会出现惊裂现象。

高岭土（Kaolin）——中国黏土。纯净的黏土，接近黏土矿物高岭石的理想形态。它含有极少量的铁杂质，因此呈白色。由于是原生黏土，粒度比球土或耐火土更粗，通常在离母岩（风化的花岗岩）不远的地方被发现。

泥灰岩（Marl）——特指含有氧化铁和高比例钙化合物的天然黏土。泥灰岩通常用于制作低温陶器和黏土砖。

烧结度（Maturation Point/Temperature）——特指任何黏土坯体达到其玻化峰值、获得理想强度和致密度的温度范围。低于该温度范围，坯体欠烧；高于该温度范围，坯体过烧，玻化过度会导致起泡和变形，最终熔融。对于充满助熔剂的陶土而言，理想温度范围在950~1050℃，比耐火土和高岭土的温度范围1150~1400℃要低得多。某些黏土的成熟范围较长，如耐火土（182℃），有些黏土由于长石、滑石和氧化铁等助熔剂的存在，坯体的成熟范围可能较短10~20℃）。

煅烧瓷土（Molochite）——即熟料。Molochite是煅烧瓷土的商品名称，用于瓷器黏土中的熟料，提高耐火度。它由莫来石和非晶态石英玻璃组成，热膨胀率低而均匀。

莫来石（Mullite）——分子式为$3Al_2O_3 \cdot 2SiO_2$。具有长针状的铝硅酸盐晶体，与熔融的二氧化硅交织在一起，形成坚固的玻璃体。在最高温度下，黏土坯体中的游离二氧化硅会熔化并带走黏土分子中的二氧化硅，从而使高岭石晶体流出并分解，留下新的高铝硅酸盐结构。莫来石在约1 000 ℃以上就会出现，但必须在约1 150 ℃以上烧制才能确保晶体正常生长。这就是炻器和瓷器的坯体比陶器坯体更坚固的原因，因为陶土只是元高岭石晶体与氧化物和其他助熔剂的融合物。在黏土坯体中增加莫来石的最好方法就是添加煅烧瓷土。

氧化气氛（Oxidation）——旨在获得氧化作用的窑炉气氛。它发生高于红热的温度下，通过向火中引入过量空气或空气穿过低压燃烧器来实现。

可塑性（Plasticity）——黏土特有的性质，兼具固体材料的强度和液体的流动性。由于没有弹性，可塑黏土可以被塑形和重塑而不会破裂，并能保持其预定形状。不同粒度的黏土混合在一起，可以制作出易于塑形、坚固并能保持形状的可塑坯体。可塑性可分为六个因素：颗粒大小、实际黏土含量、含水量、颗粒排列、增塑剂和颗粒结合强度。每种因素都会改变不同的黏土，通常将具有不同强度（因素）的黏土结合在一起，配制出兼顾强度和可塑性的黏土坯体。

瓷器（Porcelain）——特指玻化的白色透明器皿，通常在1300℃以上的温度下烧制。这种高温瓷器坯体的主要成分是高岭土，一种具有可塑性，煅烧后呈白色的黏土。

孔隙率（Porosity）——这个术语是用来描述不同玻化率的黏土坯体的吸水性。适当玻化的陶瓷（如炻器），吸水率很小（2%～4%）；而陶土，如赤土则多孔会渗水。陶瓷器皿的孔隙率可以通过烧制时间、助熔剂和二氧

硅的比例来调节。参见吸水率。

叶蜡石（Pyrophyllite）——一种低膨胀矿物质，常用于瓷器和炻器坯体中，以促进莫来石的生成，提高整体烧结强度，降低热膨胀率。避免最高温度下的变形和开裂，因此常在柴烧坯体中使用叶蜡石。也可以用少量的二氧化硅替代，但需要注意的是，由于坯体中二氧化硅含量较低，坯釉适应性也会发生变化。

还原气氛（Reduction）——指在烧制过程中，窑炉中缺氧，不得不从金属氧化物中夺取氧气的过程。对于制陶者而言，还原是为了使黏土和釉料中使用的相同金属产生不同的效果。特别是铁，当暴露在还原气氛中时，会改变炻器坯体的颜色和玻化率。

耐火材料（Refractory）——一般具有耐高温性。就工业而言，耐火材料的最高温度为约1 700 ℃，而对于制陶者来说，耐火材料一词通常用于约1 300 ℃左右的温度，并指能够承受这些温度而不变形的黏土坯体和其他材料。

脱釉（Shivering）——一种釉面缺陷，釉面从坯体上剥落或缩釉，通常出现在边缘、壶把和拉坯痕迹等尖锐边线周围。虽然被认为是釉面缺陷，但实际上是坯釉适应性问题。这个问题的解决方法：通过调整助熔剂中二氧化硅的比例或者增加釉料配方中黏土的含量。

收缩（Shrinkage）——指生坯在干燥和烧制过程中体积的缩小。干燥收缩可以通过加水补湿来逆转，而烧成收缩则是永久性的，因为黏土颗粒中的化学结构水会流失，从而改变黏土的化学性质而成为陶瓷。陶器的收缩分为两个阶段：从黏土到素坯，在最后的烧制过程中从素坯到真正的陶瓷。不同的黏土有不同的收缩率，这取决于黏土的可塑性和黏土颗粒的吸水性。对于未加工的黏土和黏土坯体来说，收缩率还取决于其中含有多少如砂粒和熟料的非黏土材料。收缩率可以通过用黏土样品制作测试条来测量。

二氧化硅（Silica）——分子式为 SiO_2，可以从石英和燧石得到。二氧化硅是所有制陶者最重要的材料之一，可说是所有黏土坯体的基础，也是釉料的主要成分。二氧化硅是一种玻璃态，它与莫来石共同作用，创造出所有陶瓷材料都拥有的一种玻璃质感。

水化（Slaking）——黏土和碎石等材料在水中分解的过程。在大多数情况下，水化是黏土变成泥浆最简单的方法，前提是黏土必须完全干燥并完全浸泡在水中。颗粒较细的黏土或来自泥岩和粉砂岩的黏土通常很难通过水化法分解，需要研磨和粉碎等额外的机械加工。

泥浆（Slip）——具有流动性且悬浮在水中的黏土或黏土状物质。泥浆的范围很广，从简单加水稀释的黏土碎屑到经过计算的配方，包括助熔剂和单一来源的干黏土。

炻器（Stoneware）——由含铁量较高的高岭土、耐火土或球土制成的耐高温陶瓷。最高烧结度约为 1 300℃，大多数传统的炻器黏土都具有可塑性和天然可加工性，很少需要添加剂来提高可塑性。

滑石（Talc）——即硅酸镁，理想分子式为 $3MgO \cdot 4SiO_2 \cdot H_2O$。滑石在中温和陶器坯体中用作助熔剂，也可用于炻器坯体以抵抗冷热巨变。由于滑石的熔化温度约为 900℃，过多的滑石会导致中温黏土和炻器坯体变形。滑石直接添加到陶土中还能减少釉料的裂纹。

热膨胀（Thermal Expansion）——陶瓷材料在升温时膨胀（和收缩）的程度。虽然有一些例外（烹饪器皿几乎测量不到热膨胀），但大多数陶瓷坯体都会表现出一定程度的热膨胀，这会影响釉料，如果没有考虑到坯釉适应性就会导致开裂和脱釉。热膨胀率与玻化直接相关，含有莫来石和叶蜡石的黏土坯体的膨胀率较低，非常适合直接与火焰接触的柴窑。游离二氧化硅含量高的黏土通常会过度玻化，对热膨胀的反应较差，在陶瓷冷却时会产生惊裂和开裂问题。

触变性（Thixotropy）——泥浆在静置时会变得更加黏稠，但在搅拌时又会恢复到流动状态的特性。触变性也用于描述湿黏土保持其既定形状的能力，如浇注用泥浆。通常使用泻盐或达凡等化学品来诱导所需的触变程度。

玻化（Vitrification）——黏土坯体开始熔化和变形之前的烧制高峰阶段。在这一阶段，陶瓷体处于柔软状态，在压力作用下很容易变形。如果温度继续升高或延长这个温度，会导致坯体起泡和变形，因为这时的陶瓷处于一种熔融状态，会在自身重量的作用下弯曲。这是黏土坯体中的长石和游离二氧化硅助熔的直接结果，一旦冷却，黏土颗粒就会被玻璃状基质焊接在一起，形成耐久坚实的陶瓷。玻化过度的黏土坯体，玻璃基质太多，生成的陶瓷就会变脆。因此，我们需要一定的孔隙率，因为它能使陶瓷制品更坚固耐用。

吸水率（Water absorption）——在某些情况下，黏土的含水量可高达其重量的 40%，其中 20% 通过可塑性用作润滑剂，10% 蕴含在黏土颗粒内部和之间的孔隙中，10% 通过化学键结合在黏土颗粒中。黏土吸水越多，收缩率就越高。这也是一种协调，因为这些水分子可以让黏土颗粒相互滑动，塑性（润滑）水比率越高的黏土就越容易加工。有些如膨润土之类的黏土，会吸收大量的水分并膨胀，因此不能大量使用。

硅灰石（Wollastonite）——即硅酸钙，分子式为 $CaO \cdot SiO_2$。硅灰石是制作陶器和瓦器的重要材料，它可以减少收缩和变形，并降低热膨胀系数。在一些低温坯体中，硅灰石的添加量可多达 10%，以助熔和玻化；在中温坯体中，硅灰石的添加量较小（2%～5%），可替代滑石，帮助减少收缩率。硅灰石还在高温坯体中进行过测试，由于氧化铝含量较高，其中的二氧化硅和氧化钙很容易形成硅酸盐，是高温卫生洁具的理想材料。一些艺术家也证明了在高温气氛中使用含有硅灰石的坯体会有强烈的色彩反应。

可加工性（Workability）——黏土的性质有可塑性、强度和触变性等综合特性。这些特质在某些方面相互重叠，很难孤立地界定它们的易用性。为了达到有效的可加工性，我们必须知道这三种特性各自适合的成型方式。用于泥浆浇注的黏土的可加工性在很大程度上不同于拉坯炻器的。加工性较差的通常被称为"缺乏"。自己挖掘的未加工黏土的可加工性测试通常包括泥条测试，将黏土浸湿、捏成泥条、打结，以测试上述特性。如果黏土可以打结而不开裂或断裂，表明黏土具有可塑性；如果同时还能保持所定的形状，则表明黏土具有强度和触变性。通常情况下，将黏土混合在一起，利用它们各自的特性（如可塑性和生坯强度）来平衡这些特质。很少有一种黏土只需少量添加和加工就能同时具备这三种特性。

野生黏土测试数据表

时间：　　　　　　　　　　描述：

黏土样品名称：　　　　　　备注：

地点：

试片	1	2	3	4	5
湿重（烧制前）					
干重（烧制前）					
干燥长度（烧制前）					
烧成温度（温锥编号）					
烧成色彩（烧制后）					
烧成长度（烧制后）					
干重（烧制后）					
浸湿重量（烧制后）					

	1	2	3	4	5
黏土中的水分（%）					
干燥收缩率（%）					
烧成收缩率（%）					
吸水率（%）					

黏土中的平均水分（%）	
平均干燥收缩率（%）	
平均烧成收缩率（%）	
平均吸水率（%）	

过滤筛规格	16 目	30 目	50 目	100 目	200 目
			300 目	400 目	小于 400 目

备注：

黏土坯体测试数据表

时间：　　　　　　　　　　配方

样品名称：

工艺流程：

泥土本色：

可塑性和可加工性：

备注：

材料	比例	克

试片	1	2	3	4	5
湿重（烧制前）					
干重（烧制前）					
干燥长度（烧制前）					
烧成温度（温锥编号）					
烧成色彩（烧制后）					
烧成长度（烧制后）					
干重（烧制后）					
浸湿重量（烧制后）					
黏土中的含水率					
干燥收缩率					
烧成收缩率					
吸水率					

黏土中的平均含水率	
平均干燥收缩率	
平均烧制收缩率	
平均吸水率	

备注：